交尾群分散放置

多箱体蜂箱养蜂

加继箱的蜂群

移虫后 70 小时左右的王台（正面观），
幼虫周围及下面是蜂王浆

中蜂及封盖子脾

意蜂及封盖子脾

切开封盖
的雄蜂蛹

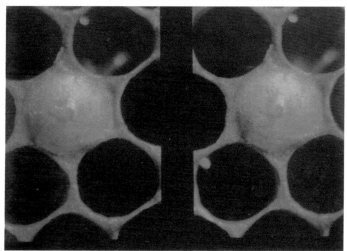

中蜂的雄蜂
蛹，在封盖
中央有气孔

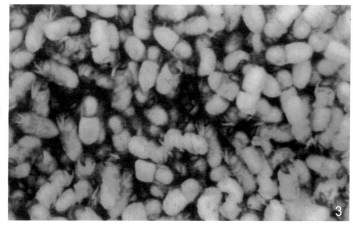

采收的雄蜂蛹

3

五征养蜂平台
（养蜂专用车）

联动式蜜蜂踏板　工作间　二类底盘

蜂箱搁置架　储存箱

塑料巢脾

带框塑料巢础

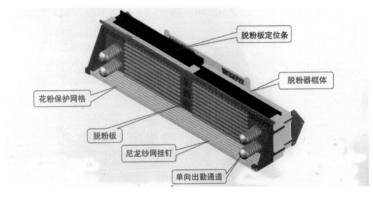

乐丰收脱粉器

脱粉板定位条

脱粉器框体

花粉保护网格

脱粉板

尼龙纱网挂钉

单向出勤通道

4

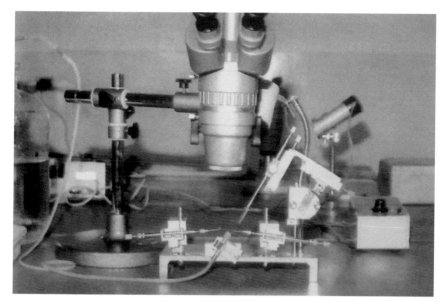

蜂王人工授精仪

驱蜂离巢

割脾

绑脾

抖蜂入箱

促蜂上脾

将木桶饲养的中蜂过入活框蜂箱饲养

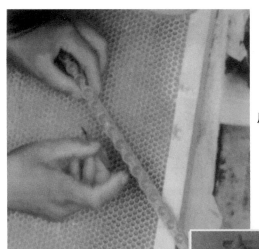

用弹力移虫针将幼虫移入王台

人工采集蜂王浆

琳琅满目的蜂产品

6

北京巢蜜

箱底脱粉器

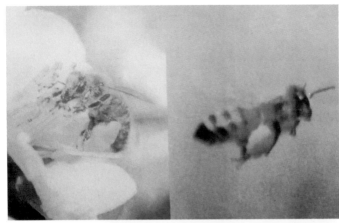

后足带花粉团
的蜜蜂

采集蜂将花蜜
吐给接收蜂

蜜蜂采集荷花

养 蜂 技 术

（第 5 版）

黄文诚　编著

本书被评为"97 全国农村青年最喜爱的科普读物"

金盾出版社

内容提要

本书由中国农业科学院蜜蜂研究所黄文诚研究员编著,是《蜂王培育技术》和《蜜蜂病虫害防治》的姊妹篇。在前一版的基础上进行了技术内容更新,增加了养蜂平台、春炼抗逆饲养技术、巢蜜生产专业户经验介绍、生产蜂王浆的新设备、王台型蜂王浆、业务咨询和商品交易所等内容,重点改写了巢蜜生产技术、蜜蜂授粉技术及出售蜂具、蜂药、巢础的单位等内容,并更新了书中部分彩图及墨线图。全书内容包括:蜜蜂养殖技术、蜂产品及其生产技术、蜜蜂授粉技术和养蜂始业。文字通俗易懂,内容先进实用,适合养蜂人员、养蜂科技工作者及农业院校相关专业师生阅读参考。

图书在版编目(CIP)数据

养蜂技术/黄文诚编著. —5 版. —北京:金盾出版社,2017.5
(2019.5 重印)
ISBN 978-7-5186-0839-3

Ⅰ.①养… Ⅱ.①黄… Ⅲ.①养蜂 Ⅳ.①S89

中国版本图书馆 CIP 数据核字(2016)第 055026 号

金盾出版社出版、总发行
北京市太平路 5 号(地铁万寿路站往南)
邮政编码:100036 电话:68214039 83219215
传真:68276683 网址:www.jdcbs.cn
北京军迪印刷有限责任公司印刷、装订
各地新华书店经销
开本:850×1168 1/32 印张:8 彩页:8 字数:187 千字
2019 年 5 月第 5 版第 47 次印刷
印数:669 001~675 000 册 定价:23.00 元

第 5 版前言

养蜂业是现代化大农业的重要组成部分,蜜蜂授粉更是对农业增产、提质有显著促进作用。党中央、国务院一向重视发展养蜂事业。农业部在深入调研的基础上,明确提出全面贯彻落实科学发展观,坚持发展养蜂生产和推进农作物授粉并举,加快推动蜜蜂授粉产业发展。2013 年 5 月 22 日,农业部部长韩长赋主持召开专题会议,听取了养蜂业发展情况的汇报,研究并部署促进养蜂业持续健康发展问题。为保护利用蜜粉源植物,推广蜜蜂授粉和绿色防控技术,采取了一系列措施,取得了积极成效。一是制定印发《蜜蜂授粉与绿色植保增产技术集成应用示范方案》,2014 年专门从部门预算中列支 200 万元,在全国建立 20 个示范基地,以油菜、大豆、向日葵、苹果、梨、柑橘、草莓、番茄、瓜类、棉花等 10 种作物为主,不断开展蜜蜂授粉与绿色防控增产技术集成应用示范,对基地内蜂农放蜂授粉及应用绿色植保技术给予适当补贴,促进养蜂产业与种植业持续健康发展。目前,授粉基地已经获得良好结果,不仅可以使油料作物、瓜、果、蔬菜增产、提质、增收、增效,使养蜂业和农业双赢,还能够保护生态环境。二是开展大规模示范推广农作物病虫绿色防控。三是开展生物农药补贴试点。四是大力推进专业化统防统治,推进农药减量控害,保护蜜蜂等有益昆虫,维护生态平衡。

交通运输部、国家发展改革委于 2009 年发布的《关于进一步完善和落实鲜活农产品运输绿色通道政策的通知》将整车运输的蜜蜂(转地放蜂)补充列入附件的鲜活农产品品种目录中,即在全国范围内免收合法装载蜜蜂车辆的通行费,减轻转地放蜂的运输开支。

农业部于 2010 年 12 月份印发了《全国养蜂业"十二五"发展规划》,指出养蜂业是农业的重要组成部分,对促进农民增收,提高农作物产量和维护生态平衡具有重要意义。2009 年全国蜂群数量已达到 820 万群,蜂蜜产量上升至 40 万吨,养蜂业总产值 40 多亿元。计划到 2015 年,全国养蜂数量达到 1 000 万群;在提高质量的前提下,稳步增加产量,力争蜂蜜产量达到 50 万吨。生产方式转变取得显著进展。到 2015 年,年饲养 100 群蜜蜂以上的规模化养殖场(户)和专业合作组织提高到 50%;养蜂机械化水平进一步提高;蜜蜂规范饲养标准得到广泛推行;蜜蜂病虫害得到有效控制。蜜蜂为农作物授粉增产技术得到普及,形成一批专业化的授粉蜂场,初步实现蜜蜂授粉产业化,蜜蜂资源保护和种蜂生产能力明显增强,蜂产品质量安全大幅度提高,蜂业产业化加快发展。

为加强养蜂业法制建设,进一步规范和支持养蜂行为,加强对养蜂业的领导,维护养蜂者的合法权益,促进养蜂业持续健康发展,农业部于 2011 年根据《中华人民共和国畜牧法》和《中华人民共和国动物防疫法》等法律、法规,制定并颁布了《养蜂管理办法》(试行)。

为加大机械化养蜂的支持力度,2012 年国家将养蜂专用平台(养蜂专用车,含蜜蜂踏板、蜂箱保湿装置、蜜蜂饲喂装置、电动分蜜机、电动取浆机、花粉干燥器)纳入农机购置补贴范围。农业部将组织有关单位开展养蜂机械化科研项目的前期论证,争取尽快安排专项资金,加快养蜂机具的研发与示范,不断提升我国养蜂业的机械化程度和科技水平，早日实现养蜂业机械化、规模化、现代化。

在政府的大力支持下，"十二五"期间开发、生产了多种养蜂新机具，如养蜂平台（养蜂专用车）、塑料巢础、塑料巢脾、电热埋线器、电热割蜜盖刀、自动换面分蜜机、电动分蜜机、电动取浆机、花粉灭菌干燥器、糖浆自动饲喂器、蜂王浆真空过滤机、多种形状和规格的巢蜜格（盒）等。蜂箱和巢础已经出口韩国，电动分蜜机主要出口到德国和美国。

近年来，巢蜜生产获得了很大发展，本书重新编写了巢蜜生产技术，并且增添了巢蜜生产工具和巢蜜生产专业户的经验介绍；在蜜蜂饲养管理方面，重点介绍春炼抗逆饲养技术；为减轻生产蜂王浆过程中移虫、挖取和过滤王浆等繁重的劳动及改善卫生条件，重点介绍了生产蜂王浆的机具设备，如采收蜂王浆和移虫的多功能取浆机、免移虫生产蜂王浆设备、蜂王浆机械化生产成套设备、蜂王浆过滤机、抽屉式产浆框等，还介绍了养蜂平台（养蜂专用车）的相关内容。希望本书的再次修订出版，能够为养蜂人员提供帮助，解决生产中的实际问题，为我国的养蜂事业贡献一份力量。

编著者

通信地址：北京市中关村南大街 12 号高层 4 号楼 706 室

邮政编码：100081

目 录

第一章 蜜蜂养殖技术

一、蜜蜂生物学基础知识

蜜蜂生物学是研究蜜蜂生活和职能的科学,是蜜蜂饲养管理的理论基础。掌握蜜蜂的生物学基础知识,便于改进饲养管理技术,实行科学养蜂,不断提高养蜂生产水平。

(一)蜂群的组成

蜜蜂具有社会性,过着群体生活。蜂群是由 3 种形态和职能不同的许多蜜蜂组成的一个有机体,是蜜蜂赖以生存的生物单位。单只蜜蜂一旦脱离群体就不能生存。蜜蜂的这种社会化的群居生活,是在长期的进化发展过程中形成的。蜂群也是生产各种蜂产品和执行为植物授粉职能的生产单位。

蜜蜂群已发展到社会性昆虫的高级阶段,其特点是除了亲代和子代在一起生活外,还出现了生殖分工,即在蜂群中只有蜂王产卵,其他个体都是不能正常生殖的工蜂。蜂群通常是由 1 只蜂王、大批工蜂和在繁殖期培育的少数雄蜂组成(图 1-1)。它们共同生活在一个蜂群里,既有不同的分工,又互相依赖,以维持群体在自然界里的生存和种族的延续。

1. 蜂王 是蜂群中生殖器官发育完全的雌性蜂,其职能仅为产卵。意大利蜂(以下简称意蜂)蜂王初生体重 170～240 毫克,胸宽加翅基突共长 4.8 毫米左右。产卵蜂王体长 20～25 毫米,比工蜂的体长长 1 倍。体重 250～300 毫克。蜂王的 2 个卵巢特

别发达,共有 300 多条卵巢管。1 对卵巢内 1 天可成熟 1 000 多粒
卵。1 只品质优良的蜂王在产卵盛期,每昼夜可产卵 1 500 粒左
右。蜂王的品质及其产卵能力,对于蜂群的强弱及其遗传性状具
有决定性的作用。在生产中只有选育优良健壮的蜂王,才能使蜂
群保持强大的群势和较高的生产性能。

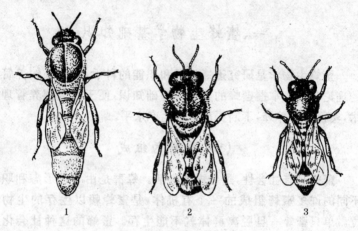

图 1-1 蜂群中的 3 种类型蜜蜂
1. 蜂王 2. 雄蜂 3. 工蜂

如果没有工蜂,蜂王的产卵职能就无法实现。蜂王已经丧失
了抚育蜂子(含卵、幼虫和蛹)的能力,它本身也经常需要工蜂的
饲喂和照料。

蜂群在下列情况下会培育出新蜂王。

一是自然分蜂,即群体繁殖。蜂群繁殖壮大了,工蜂就会在
巢脾边缘筑造几个至十几个王台,蜂王在其中产卵,蜂群培育新
蜂王,准备分蜂。这种王台称为分蜂王台,王台的日龄不一致。

二是自然交替。蜂王进入中年或者因染病、受伤,所产生的
蜂王信息素不足时,蜜蜂就会在巢脾下部筑造 1~3 个日龄相近

的王台,蜂王在其中产卵,蜂群培育新蜂王,准备更替老蜂王。这种王台称为交替王台。

三是突然失王。蜂王突然丧失时,大约经过 1 天,工蜂就选择有 3 日龄以内雌性幼虫的工蜂房,将其改造成王台,培育新蜂王。这种王台叫改造王台,数量多,个体小。

新蜂王从王台羽化后就到巢内各处巡视,寻找和破坏其他的王台。遇到其他蜂王时,就互相斗杀,直到仅留下 1 只。3 天后新蜂王开始出巢试飞,辨认自己的蜂巢。

5～6 日龄的处女王性成熟,在其后的 2 周内进行婚飞,在一次或数次婚飞中可先后与 7～17 只雄蜂交尾,使它的受精囊里充满精液(含有 500 万～600 万个精子),可供蜂王一生产卵受精之用。多只雄蜂的精液在蜂王的受精囊内有一定程度的混合,因此同一蜂群的工蜂可能是由不同雄蜂的精子受精而来。蜂群好似一个大家庭,工蜂可形成多个同母异父的亚家庭或父系。最后一次婚飞交尾后经过 1～3 天,蜂王开始产卵。以后除非自然分蜂或蜂群飞逃,受孕蜂王不再飞出蜂巢。

蜂王在产卵期间,周围总有侍卫蜂环护着,由它们以蜂王浆饲喂蜂王,同时从蜂王得到蜂王信息素,再将信息素传递给其他蜜蜂,使全群蜜蜂都知道蜂王的存在情况。

处女王通常不产卵。如果 20 日龄以上的处女王仍未交尾,就会产未受精卵。因此,过期未交尾的处女王应淘汰。

蜂王的寿命可达数年,但通常 2 年龄以上的蜂王产卵力逐渐下降,所以生产上不使用这种年龄的蜂王,应随时更换衰老、伤残、产卵量下降的蜂王。

2. 工蜂　是雌性生殖器官发育不完全的个体,在正常情况下是不能产卵的。它与蜂王一样是由受精卵发育而成的。体型较小,意蜂工蜂的初生体重约 110 毫克,体长 12～14 毫米,胸宽加翅基突共长 4.4 毫米左右。意蜂工蜂的平均体重约 100 毫克,每千克约有1万只。每只工蜂爬在巢脾上约占3个巢房的面积,1个标准巢脾两面爬满工蜂约有2 500只。

工蜂担负着蜂巢内外的许多工作,其职能随日龄而变化。这种现象称为异龄异职现象。3日龄以内工蜂的主要职能是清理巢房,供蜂王产卵;以后2周内,随着舌腺(营养腺、王浆腺)、上颚腺、蜡腺、毒腺等腺体的发育,它们分泌蜂王浆饲喂蜂王,饲喂幼虫,调制幼虫浆(蜂王浆加蜂蜜和蜂粮)饲喂大幼虫,调节巢内温、湿度,分泌蜂蜡修筑巢脾,接收花蜜,酿造蜂蜜,守卫蜂巢等。随着职能的变化和日龄的增长,它们由蜂巢中央逐渐向蜂巢外侧转移。3周龄左右的工蜂开始出巢工作,如采集花蜜、花粉、水、蜂胶等或侦察蜜源。但是,它们的职能可根据环境条件的变化和蜂群的需要而改变,有很强的可塑性。

工蜂的寿命,在夏季为4～6周,冬季为3～6个月,且与工作强度、蜂群群势有很大关系。在生产季节,工蜂的寿命最短。

3. **雄蜂** 是蜂群中的雄性个体,由未受精卵发育而成。它的体格粗壮,头和尾都几乎呈圆形,复眼大而突出,翅宽大,足粗壮,以适应在空中发现和追赶蜂王。意蜂雄蜂体长15～17毫米,体重约220毫克。雄蜂的职能是与处女王交配。雄蜂种性和体质的优劣,对培育新分群后代的遗传性状和品质优劣有直接影响。雄蜂羽化后12天左右性成熟,12～20日龄是交尾适龄期。性成熟的雄蜂每天中午前后进行婚飞,与蜂王交尾后的雄蜂不久即死亡。雄蜂的寿命可达数月,但大多早夭。秋季和无蜜源期即被工蜂逐出巢外,冻饿而死。

4. **蜂巢** 是蜜蜂居住和生活的处所,是由许多蜡质巢房构成的。野生蜂群在树洞或其他隐蔽的洞穴中构筑蜂巢,人工饲养的蜂群在有活动巢框的蜂箱内筑巢。蜜蜂分泌蜂蜡,在镶于巢框里的人工巢础上加高筑成巢房,几千个巢房连接起来组成1片巢脾。巢脾在蜂箱内垂直地、互相平行地悬挂着。西方蜜蜂巢脾的厚度约 25 毫米。巢脾之间的距离叫作蜂路,是蜜蜂的通道,宽度为 10～12 毫米。

3 种类型的蜜蜂(3 型蜂)需要在 3 种特定的巢房里发育。蜂王必须在王台里发育。王台是蜜蜂在培育新蜂王时临时筑造的,呈圆锥形,表面凹凸不平。巢脾上大部分六角形巢房是工蜂房,它们是工蜂发育的摇篮。蜜蜂也用工蜂房贮存蜂蜜和花粉。较大的六角形巢房为雄蜂房,是培育雄蜂的场所。不规则的过渡巢房则把工蜂房、雄蜂房、巢脾和巢框连接起来(图 1-2)。

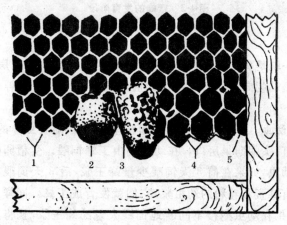

图 1-2 巢脾一角

1. 工蜂房 2. 台基 3. 王台 4. 雄蜂房 5. 过渡巢房

(二)蜜蜂的发育

蜜蜂是完全变态的昆虫,3 型蜂都要经过卵、幼虫、蛹和成蜂 4 个发育阶段(图 1-3)。

1. 发育过程

(1)卵 呈香蕉形,乳白色,卵膜略透明,稍细的一端是腹末、

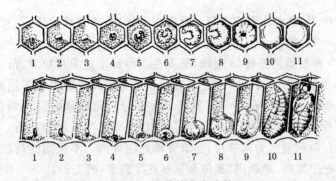

图 1-3 蜜蜂的发育阶段

1～3. 卵 4～9. 幼虫 10. 预蛹 11. 蛹

稍粗的一端是头。蜂王产下的卵，稍细的一端黏着于巢房底部，稍粗的一端朝向巢房口。卵内的胚胎经过 3 天的发育孵化成幼虫。

（2）幼虫 呈白色蠕虫状。起初呈"C"形，随着虫体的长大，虫体伸直，头朝向巢房口。在幼虫期由工蜂饲喂。受精卵孵化成的雌性幼虫，如果在前 3 天饲喂少量蜂王浆，后 3 天饲喂在蜂王浆里加有蜂蜜和花粉的幼虫浆，它们就发育成工蜂。同样的雌性幼虫，如果在幼虫期被不间断地饲喂大量的蜂王浆，就将发育成蜂王。

工蜂幼虫长到 6 日末，由工蜂将其巢房口封上蜡盖。封盖巢房内的幼虫吐丝做茧，然后化蛹。封盖的幼虫和蛹统称为封盖子，有大部分封盖子的巢脾叫作封盖子脾（蛹脾）。工蜂蛹的封盖略有突出，整个封盖子脾看起来比较平整。雄蜂蛹的封盖凸起，而且巢房较大，两者容易区别。工蜂幼虫在封盖后身体伸直，经过预蛹然后化蛹。预蛹为幼虫至蛹的过渡状态。

（3）蛹 蛹期主要是把内部器官加以改造和分化，形成成蜂的各种器官。逐渐呈现出头、胸、腹三部分，附肢也显露出来，颜色由乳白色逐步变深。发育成熟的蛹,蜕下蛹壳,咬破巢房封盖,羽化为成蜂。

(4)成蜂 刚出房的蜜蜂外骨骼(表皮)较软,体表的绒毛十分柔嫩,体色较浅。不久表皮就硬化,四翅伸直,体内各种器官逐渐发育成熟。

2. 3型蜂的发育期 蜜蜂在胚胎发育期有一定的生活条件要求,如适合的巢房,适宜的温度(32℃～35℃),适宜的空气相对湿度(75%～90%),能得到经常的饲喂及有充足的饲料等。在正常情况下,同品种的蜜蜂由卵到成蜂的发育期大体是一致的。如果巢温过高(超过 36.5℃),发育期将会缩短,甚至发育不良,出现翅卷曲或中途死亡;巢温过低(32℃以下),发育期会推迟或受冻伤。中华蜜蜂(以下简称中蜂)的发育期略短,中蜂工蜂的发育期约 20 天,意蜂工蜂的发育期约 21 天(表 1-1)。

表 1-1　中蜂和意蜂的发育期

蜂　种	3型蜂	卵　期	未封盖 幼虫期	封盖幼虫 和蛹期	共　计
	工　蜂	3 天	6 天	11 天	20 天
中　蜂	蜂　王	3 天	5 天	8 天	16 天
	雄　蜂	3 天	7 天	13 天	23 天
	工　蜂	3 天	6 天	12 天	21 天
意　蜂	蜂　王	3 天	5 天	8 天	16 天
	雄　蜂	3 天	7 天	14 天	24 天

掌握发育日期,了解蜂群里的未封盖子脾(卵虫脾)和封盖子脾的比例(卵、虫、蛹的正常比例为 1:2:4),就可以知道蜂群的发展是否正常。掌握蜂王和雄蜂的发育日期,就可以安排好人工培育蜂王的工作日程。

（三）蜜蜂的行为特点

蜜蜂的感觉器官和神经系统受到外界和体内的各种理化因素刺激后,就会产生一系列的反应活动,如饲喂幼虫、侍卫蜂王、守卫蜂巢、刺蛰、调节巢内温湿度、蜂王的交尾和产卵等。蜜蜂的行为是机械的、被动的、无意识的,并且大多是无条件的反射活动。蜜蜂行为的特点是蜂王、雄蜂、工蜂有不同的行为,各有分工。工蜂具有大体上按日龄顺序而变化的职能分工,并可根据巢内外环境条件的变化提前或推迟某种职能,具有机动性。同一日龄的工蜂具备多种活动的能力。

蜜蜂对一定的刺激产生特定的反应活动。如果伴随着某些条件的一定刺激多次作用于蜜蜂,蜜蜂就会产生认识和记忆,这是条件反射。例如,蜜蜂对与饲料(花蜜、糖浆)有关联的香味或颜色有认识的能力。幼龄蜂经过几次集团飞翔(试飞)后,可产生对自己蜂巢的颜色和周围环境的认识,记住蜂巢的位置。

运用条件反射原理,人们可以采取训练蜜蜂的方法。例如,在糖浆里加入某种花香饲喂蜂群,让蜜蜂很快去采集它们尚未采集过的植物,提高采蜜量;还可以训练蜜蜂为某种农作物授粉。

蜜蜂的行为还受其体内生物钟的制约。它们在一天中的某一段时间从某种植物采到花蜜时,由于糖的刺激而产生采集活动,这种反应行为会深深地印入蜜蜂的神经系统,使蜜蜂以后每天在相同的时间对这种植物进行采集。

（四）蜜蜂的信息交换

蜜蜂在群体生活中形成了一个可以适应生存、解决问题的信息交换系统,使整个蜂群为了生存和发展,能够有条不紊、协调一致地进行活动。

1. 蜜蜂的舞蹈 是工蜂之间传递信息的一种方式。工蜂会在巢脾上表演各种舞蹈,如圆舞、摆尾舞、警报舞、清洁舞等。下面对与蜜源有关的舞蹈做一简单介绍。

约3周龄以上的蜜蜂开始出巢进行采集活动,这样的蜜蜂称为采集蜂。其中有一小部分独立性强,往往单独出外寻找蜜源,称为侦察蜂。采集饲料是一项社会活动,它的核心是侦察蜂和被召唤的采集蜂的分工,以及这两组蜂通过特殊的舞蹈语言交换信息。舞蹈是在蜂巢内与地面垂直的巢脾表面进行的。与蜜源地点有关的舞蹈基本上有两种,即圆舞和"8"字形摆尾舞,在这两者之间还有过渡的镰刀形舞(或新月舞)。

(1)圆舞　侦察蜂在离蜂巢50~80米较近的地方采回花蜜时,它返回巢内在巢脾上将花蜜反吐出来分给同伴,然后就跳起圆舞,即兜着小圆圈,一会儿向左转圆圈,一会儿向右转圆圈。舞蹈蜂附近的几只蜜蜂也跟在它后面爬,并用触角触及舞蹈蜂的腹部。圆舞的意思是蜂巢附近发现了蜜源,召唤同伴出去采集。花蜜和蜂体上附着的花香气味也是一种信息。

(2)摆尾舞　蜜蜂在离蜂巢100米以外较远的地方采到花蜜时,它返回巢内来到巢脾上吐出花蜜后,就跳起摆尾舞,指出蜜源的方向和离蜂巢的大概距离(图1-4)。

在一定时间内,摆尾舞的直线爬行能指示距离。15秒钟内,直线爬行重复9~10次,表示蜜源距离100米;重复6次,距离500米;重复4~5次,距离1 000米;重复2次,距离5 000米。

蜜蜂跳摆尾舞时,翅振动产生的250~300赫的声音也有方向信息,或许还能指示距离,这是声音信息。蜜蜂的两对翅分别着生在中胸和后胸背板两侧。胸部的特殊构造及胸腔内的一对提肌、一对降肌及一对侧肌的伸缩操纵蜜蜂翅的振动及飞行动作,包括上、下、向前、向后以及翅的扭转运动。在胸部肌肉伸缩带动四翅振动、扇风和飞翔时产生一些高低不同的嗡嗡声。基希纳等人(1988)计算出,舞蹈蜂发声的持续时间与蜜源的距离呈正

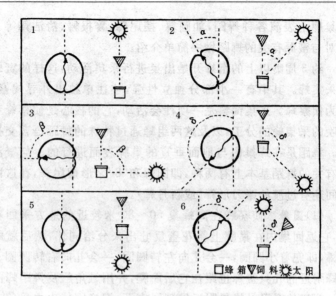

图 1-4 蜂箱、蜜源与太阳方向之间的关系和
蜜蜂摆尾舞指示的方向
（仿 Frisch）

1. 蜜源与太阳同一方向时，头朝上直线爬行
2~4. 蜜源在太阳左侧时，直线爬行头朝反时针方向转一定角度
5. 蜜源与太阳相反方向时，头朝下直线爬行
6. 蜜源在太阳右侧时，直线爬行头朝顺时针方向转一定角度

相关。追随舞蹈蜂的蜜蜂有的也发出约 300 赫的吱吱声。蜜蜂不但能听到它们立足的物体传来的振动声，而且能听到空气中传播的低频声，即能感受空气分子振荡的声音。

2. 蜜蜂信息素 蜜蜂长期生活在黑暗的蜂巢中，除依靠接触、声音、舞蹈进行信息传递外，很多信息是通过化学物质传递的。信息素是昆虫的外分泌腺分泌到体外的化学物质，通过个体间的接触或空气传播，作用于同种的其他个体，引起特定的行为或生理反应，所以又称为外激素。同种个体间传递的信息素，对它们来说是一种特殊"语言",接受的个体能了解其中含有的信息密码,从而产生有利于群体的行为或生理反应。蜂王和工蜂的外分泌腺见图1-5。

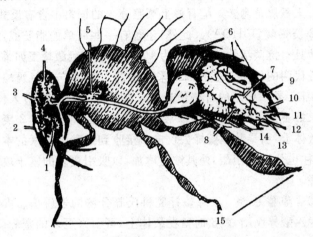

图 1-5 蜂王和工蜂的外分泌腺

（仿 Michener）

1. 口下腺 2. 上颚腺 3. 舌腺 4. 头唾腺 5. 胸唾腺

6. 背板腺 7. 毒囊 8. 毒腺 9. 纳氏腺 10. 直肠 11. 科氏腺

12. 多弗氏腺 13. 螯针 14. 蜡腺 15. 跗节腺(恩哈氏腺)

（1）蜂王信息素 蜂群有产卵蜂王时,蜜蜂巢内、外活动秩序井然。一旦失去蜂王,工蜂的采集活动就急剧减少,许多工蜂在巢内、外乱爬。这表明工蜂能通过某种信息了解到蜂王的存在。

蜂王有上颚腺、背板腺、科氏腺、跗节腺等腺体分泌的信息素。其中最主要的是上颚腺信息素,具有高度吸引工蜂、抑制工蜂卵巢发育及阻止建造王台等作用,在空中释放可诱使雄蜂追逐。侍卫蜂用口器或触角从蜂王取得上颚腺信息素后作为信使,把信息素传给其他蜜蜂。背板腺、科氏腺及跗节腺信息素起辅助作用。

(2)工蜂信息素　工蜂与蜂王的职能不同,它们的外分泌腺含有的信息素也不一样。此外,纳氏腺和蜡腺是工蜂特有的。

①上颚腺信息素　哺育蜂上颚腺分泌的饲料中含有反式-10-羟基-2-癸烯酸(10HDA)。此外,还含有一些简单的脂肪酸,这些脂肪酸具有抗菌活性。有人认为 10HDA 还有刺激蜂王卵巢发育和促进代谢的作用。守卫蜂或采集蜂的上颚腺产生似奶酪气味的 2-庚酮,是一种弱的告警信息素。有外来工蜂(盗蜂)入侵,或有外来蜂王进入蜂巢时,蜜蜂常用上颚咬住入侵者,使 2-庚酮标记在敌体上,引导其他蜜蜂去攻击。接收到这种信息素的本群工蜂,往往也分泌 2-庚酮,使其浓度增加,以吸引更多的富于攻击性的工蜂。

②告警信息素　工蜂螫针腔科氏腺分泌的告警信息素主要成分为乙酸异戊酯,刺蜇时留在敌体上,可引来更多的蜜蜂刺蜇。它的活性比 2-庚酮高 20 倍以上。

③纳氏腺信息素　主要成分为具芳香气的含氧萜类。它是一种导航信号,引导蜜蜂找到巢门入口和飞到蜜源地。它可调整分蜂团的运动,使无蜂王的蜂团向有蜂王的蜂团运动,引导飞散的蜜蜂找到蜂王;与蜂王上颚腺信息素一起,对分蜂团起稳定作用。

④跗节腺信息素　工蜂将跗节腺信息素涂在巢门口,引导本群蜜蜂找到巢门。工蜂似乎也将附节腺信息素标记在采集地点,以加强对其他采集蜂的吸引力。

⑤蜂蜡信息素　新筑造的巢脾有一种特殊的香味,主要成分为具有挥发性的醛类和醇类,它可刺激蜜蜂的采集和贮藏行为。

(3)雄蜂信息素　也由上颚腺产生。性成熟的雄蜂婚飞时,在选定的地点上空成群飞翔,释放信息素,引诱处女王飞来。

(4)蜂子信息素　主要作用为抑制工蜂卵巢发育,使工蜂嗅到幼虫的存在,便于工蜂区别雄蜂幼虫和工蜂幼虫。老熟幼虫的信息素促使工蜂将其巢房封上蜡盖,以便化蛹。它还能刺激蜜蜂采集和激活工蜂的舌腺。

深刻认识蜜蜂信息素,可以帮助我们了解蜜蜂的许多复杂行为,以便在生产中充分应用这些信息素。

3. 蜜蜂信息素的应用 人工合成的蜜蜂信息素应用于养蜂生产,可以控制蜂群自然分蜂,使蜜蜂保持积极的工作状态,增加蜂产品产量;可用于诱捕分蜂群;在交尾群中应用,可提高蜂王交尾成功率,并能较长时间地保持交尾群的群势;喷洒在作物上,能提高蜜蜂为农作物授粉的效率,增加作物产量并改善其品质等。应用前景十分广阔。

蜂王上颚腺信息素是多种成分的混合物。加拿大的温斯顿和斯莱瑟(1997)将其中5种主要成分按适当比例混合,研制出两种商品,定名为"蜜蜂增产剂"和"果实增产剂"。蜜蜂增产剂的作用类似假蜂王,它可使无王群的蜜蜂正常执行各种职能和活动,并刺激蜜蜂采集活动。果实增产剂是在作物开花时喷洒在花朵上,能使蜜蜂积极采集处理的花朵,提高授粉成功率,从而极大地促进种子和果实增产,并改善其品质。在有竞争植物同时开花时施用,效果更显著。试验表明,果实增产剂对梨、苹果、鹅莓、欧越橘等都有增产作用。

可将25~50毫升酒精装入玻璃瓶内,随时把淘汰的蜂王浸入其中备用。在发生自然分蜂时,用小泡沫塑料块浸上含蜂王信息素的酒精溶液,固定在一个空巢脾或含少量蜜的巢脾上,放到分蜂团附近,可以吸引蜜蜂上脾。

(五)蜂群周年生活规律

蜜蜂生活的最适气温为15℃~25℃。气温在5℃~35℃时(白昼阴处气温)蜜蜂就能出巢活动,蜂王在巢内产卵,工蜂哺育幼虫,整个时期可称为繁殖期。这个时期外界往往有蜜源(蜜粉源),也是生产各种蜂产品的时期。气温长时期在10℃以下时,蜂王停止产卵,蜜蜂减少或停止出巢活动,在蜂巢内结成蜂团,转入断子越冬期。

在温带地区,冬季蜂王停止产卵,只有老蜂逐渐死亡,没有新蜂羽化出巢房,蜂群中蜜蜂的数量渐渐减少;夏季蜂王每天的产卵量往往超过1 500粒,新蜂的羽化数大大超过老蜂的死亡数,蜜蜂的数量逐渐增多,蜂群发展到高峰。蜂群中蜜蜂和蜂子数量的变化,每年都有相似的顺序和速度,主要取决于气候和蜜粉源条件,并且受蜂群哺育蜂子能力的影响。根据蜜蜂的活动,蜜蜂数量和质量的变化,蜂群在一年中的生活,一般可划分为若干个时期,每一个时期都有它的特点。但是,在这些时期之间没有明显的界限。

1. 恢复时期 早春,从蜂王开始产卵、蜂群又开始哺育蜂子起,至蜂群恢复到越冬前的群势为止。北方地区蜂群越冬期长,蜂王在2月底至3月份开始产卵;长江中下游地区,蜂王在1月份开始产卵。通常越冬蜂经过排泄飞翔后积极培育蜂子。大约经过1个月,当年培育的新蜂将大部分越冬蜂更替,新蜂比越过冬的老蜂哺育蜂子的能力提高2~3倍,为蜂群的迅速发展创造了条件。

2. 发展时期 在这个时期,蜜蜂哺育蜂子的能力迅速提高,蜂王产卵量增加,每天羽化的新蜂超过了老蜂的死亡数,蜂群发展壮大,蜜蜂和子脾数量都持续增长。有的蜂群出现雄蜂子和雄蜂。蜂群发展到8~10框蜂(蜜蜂在2万只以上),便进入强盛时期。

3. 强盛时期 北方地区一般出现在夏季,长江中下游地区出现在春末夏初。这个时期,蜂群可发展到20~30框蜂(3万~6万只蜂),子脾8~12框,群势相对稳定,蜂群往往出现分蜂热(造王台,培育新蜂王,做自然分蜂的准备)。

强盛时期,常有主要蜜源植物大量开花、流蜜,是蜂群突击采集饲料的时期,也是养蜂生产的关键时期。

4. 秋季更新时期　秋季主要蜜源植物流蜜期结束后,蜂群培育的冬季蜂更替了夏季蜂。冬季蜂主要是没有哺育过幼虫的工蜂,它们的上颚腺、舌腺、脂肪体等都保持发育状态,能够度过寒冬,到翌年春季仍然能够哺育幼虫。

5. 越冬时期　晚秋随着气温下降,蜂王减少产卵,最后完全停产。气温下降至 5℃ 以下,蜜蜂周围温度接近 6℃～8℃ 时,蜜蜂结成越冬蜂团。周围温度继续下降时,蜂团就收缩,同时中心的蜜蜂产生热量,使蜂团内部温度升至 14℃～30℃,表面温度保持在 6℃～8℃。越冬期间没有新蜂羽化,只有老蜂死亡,蜜蜂数量逐渐减少;早春蜂群中的蜜蜂数量减少到最低点。

实践证明,秋季培育的越冬蜂多,以强群越冬,蜜蜂死亡率低,饲料消耗少,能保存实力,翌年春季蜂群恢复发展快,能够利用早期蜜源。强群哺育的蜜蜂体格强壮、器官大、寿命长、采集力强,而且强群抗病力强、管理省工,是取得高产、稳产的基础。

6. 亚热带地区蜂群的越夏　亚热带地区的 7～9 月份,气温常在 35℃ 以上,并且缺乏蜜源,蜂王停止产卵,蜜蜂只在早、晚出巢活动。为维持适宜的巢温,蜜蜂扇风以加强通风,并采水降温,体力消耗很大,很快衰老死亡,群势迅速下降。

气温高、特别是缺乏蜜粉源时,对蜂群越夏是最大的威胁。最好将蜂群迁移到有瓜类、芝麻蜜源的地方,同时做好蜂群的遮阳和通风降温工作,注意防除蟾蜍、蜻蜓、胡蜂等敌害;或将蜂群转移到温度低、有山花蜜源的山区,特别注意防除胡蜂。可采用扑打、毒饵诱杀,捕捉胡蜂涂上杀虫剂放飞以毒杀全巢胡蜂,或烧毁胡蜂巢(应特别注意森林防火)。

10 月份气温下降,有桉树等蜜粉源,蜂王恢复产卵,蜜蜂又开始育虫,蜂群进入恢复发展时期。亚热带地区的冬、春季有主要蜜源植物开花、流蜜,是适宜的生产季节。

二、蜜蜂品种

蜜蜂有大蜜蜂、黑大蜜蜂、小蜜蜂、黑小蜜蜂、东方蜜蜂和西方蜜蜂几种。其中大蜜蜂、黑大蜜蜂、小蜜蜂和黑小蜜蜂为野生蜂种,在我国海南、广西和云南地区有分布。而东方蜜蜂和西方蜜蜂中又包括许多品种,多为自然品种,即地理宗(品种)或地理亚种。人工选育的蜜蜂品种多为杂交种。

(一)东方蜜蜂

东方蜜蜂有许多自然品种,如印度蜂、爪哇蜂、日本蜂及中华蜜蜂等。这里只介绍中华蜜蜂。

中华蜜蜂(中蜂)是我国的土著蜂种,除新疆地区和内蒙古北部地区以外,全国包括海南省及台湾省都有分布。根据 1975～1981 年中国农业科学院蜜蜂研究所组织的调查,可以把中蜂区分为东部中蜂、海南中蜂、阿坝中蜂、藏南中蜂和滇南中蜂几个地理宗。其中东部中蜂是中蜂的主要品种,约有 200 万群,占中蜂总数的 80% 以上,广泛分布于我国温带及亚热带的丘陵和山区。由于地理生态条件的差异,可以分为 5 个类型:湖南型(是东部中蜂的主要类型)、北方型、长白山型、云贵高原型和两广型。

东部中蜂的工蜂体长 10～12 毫米;腹节背板黑色,有明显或不明显的褐黄色环。在高纬度、高山区,中蜂的腹部色泽偏黑;处于低纬度、平原区的色泽偏黄。全身被灰色短绒毛。喙长 4.5～5.6 毫米。雄蜂体长 11～14 毫米,体色为黑色或黑棕色,全身被灰色绒毛。蜂王体长 14～19 毫米,体色有黑色和棕红色两种,全身被黑色和深黄色绒毛。

工蜂嗅觉灵敏,发现蜜源快,善于利用零星蜜源,飞行敏捷,采集积极。不采树胶,蜡质不含树胶。抗蜂螨力强,盗性强,分蜂性强,蜜源缺乏或病敌害侵袭时易飞逃。抗巢虫力弱,爱咬毁旧巢脾。易感染中蜂囊状幼虫病和欧洲幼虫腐臭病。蜂王产卵力弱,每天产卵量很少超过1 000粒。但根据蜜粉源条件的变化,调整产卵量快。蜂群丧失蜂王易出现工蜂产卵。

中蜂因为是我国土生土长的蜂种,对各地的气候和蜜源条件有很强的适应性,有稳产和适于定地饲养的特性,特别是在南方山区,具有其他蜂种不可取代的地位。

(二)西方蜜蜂

西方蜜蜂有欧洲类型、非洲类型和中东类型3种。我国饲养的西方蜜蜂都属于欧洲类型,我们常称它们为欧洲蜜蜂。

1. 意大利蜂 即意蜂,为黄色品种。工蜂腹板几丁质黄色,第二至第四节腹节背板前缘有黄色环带。体长12～14毫米,绒毛淡黄色。喙长6.2～6.9毫米。分蜂性弱,能维持强群;善于采集持续时间长的大蜜源。造脾快,产蜡多。性温和,不怕光,提脾检查时,蜜蜂安静。抗巢虫(蜡螟幼虫)力强。意蜂易迷巢,爱作盗,抗蜂螨力弱。蜂王产卵力强,工蜂分泌蜂王浆多,哺育力强,从春到秋能保持大面积子脾,维持强壮的群势。

意蜂是我国饲养的主要蜜蜂品种,它的越冬性能不如东北黑蜂和其他欧洲黑蜂。长途转地饲养使我国各省、自治区、直辖市均可发现意蜂的踪迹。

2. 卡尼鄂拉蜂 即卡蜂。大小和体型与意蜂相似,腹板黑色,体表绒毛灰色。喙长6.4～6.8毫米。卡蜂善于采集春季和初夏的早期蜜源,也能利用零星蜜源。分蜂性较强,耐寒,定向力强,采集树胶较少。性温和,不怕光,提脾检查时蜜蜂安静。蜂王产卵力强,春季群势发展快。主要采蜜期间蜂王产卵易受到进蜜的限制,使产卵圈压缩。

喀尔巴阡蜂是卡尼鄂拉蜂的一个地方品种,形态和生物学特性与卡蜂相同。

3. 东北黑蜂　我国黑龙江省饲养的东北黑蜂是卡蜂和欧洲黑蜂的杂交种,并混有意蜂的血缘。原产于俄罗斯。体型与卡蜂相似,腹节背板黑色,绒毛灰色。喙长平均 6.4 毫米。分蜂性较弱,耐寒,性温和,不怕光。蜂王产卵力强,春季群势发展快,善于采集流蜜量大的蜜源。

4. 欧洲黑蜂　工蜂体长 12～15 毫米,腹部粗壮,背板黑色,有的在第二、第三腹节背板有黄棕色斑,绒毛深棕色。喙长平均 6.4 毫米。分蜂性较强。采集树胶多,怕光,提脾检查时蜜蜂乱爬。蜂王产卵力较强,春季群势发展平缓,善于采集夏、秋季的主要蜜源。我国新疆伊犁一带饲养的欧洲黑蜂也叫新疆黑蜂,大部分已经与意蜂混杂。

(三)我国选育的高产蜂种

选配得当的不同蜜蜂品种或品系的杂交,其优势显著。意蜂和东北黑蜂或意蜂和卡蜂杂交,产蜜量可提高 20％～30％,蜂王浆产量亦可显著提高。蜜蜂杂交种,一般从第三代开始,杂种优势便迅速减弱以至消失。因此,要进行优良组合的选配,实行有计划的杂交,定期更换杂交亲本。无控制地进行杂交,将会造成品种的混杂和退化。

我国科研单位和广大养蜂工作者开展了大量的蜜蜂高产品系(品种)的选育工作,近年来取得了显著成绩,选育成浙农大 1号等多个蜜蜂优良品种、品系。

1. 浙农大 1 号意蜂品种　是浙江大学动物科学学院等单位协作选育的蜂蜜、蜂王浆双高产意蜂品种,1995 年获得了国家发明二等奖。

2. 白山 5 号三交种蜜蜂 是吉林省养蜂科学研究所选育成功的优良杂交种蜜蜂,该种获得了国家科技进步二等奖。具有增殖快、群势强、高产、低耗、越冬安全等优点。

3. 高产杂交种 是中国农业科学院蜜蜂研究所选育的蜂蜜高产杂交种(国蜂 213)和蜂王浆高产杂交种(国蜂 414)。

4. 平湖王浆高产意蜂品系 是浙江省平湖县养蜂专业户周良观、王进经过 20 多年定向选育而成的蜂王浆高产品系。适合定地长期生产蜂王浆,可获得较高的经济效益。

5. 萧山王浆高产意蜂品系 是浙江省萧山县养蜂专业户洪德兴选育的。具有王浆高产、分蜂性弱、易保持强群、采蜜力强等优点。

6. 松丹 1 号和松丹 2 号 这两个双交种蜜蜂是吉林省养蜂科学研究所培育的。

7. 抗螨(中试)蜂种 中国农业科学院蜜蜂研究所育种中心选育出了 2 个抗螨(中试)蜂种:北方型,体色与卡蜂相似,具有较强的梳理行为,也有卫生行为,抗螨力强于一般的黑色蜂种,采集力强,产蜜量高,但泌浆能力不如意蜂。建议在北方地区饲养。南方型,体色与意蜂相似,具有较强的卫生行为,也有梳理行为,抗螨性能比一般的黄色蜂种强,繁殖力强,可用于生产蜂王浆和蜂蜜,适合在南方地区饲养。

8. 黑浆蜂 4 号 是浙江省平湖白沙浆蜂原种场选育的蜜浆两用蜂种。

9. H 系和 RJ 系蜂种 是河北省承德市蜜蜂原种场选育的 H-191、H-431、H-233、RJ-193、RJ-433、PR-175 等多个蜂蜜、王浆高产蜂种。

10. 北-号中蜂品系 是中国农业科学院蜜蜂研究所选育的中蜂品系,群势可达到 8 框蜂以上,产蜜量提高 10%,较抗中蜂囊状幼虫病。

（四）蜂种的选购

　　饲养的蜂种要适应当地的气候和蜜源条件，还要考虑是副业还是专业饲养，定地还是转地饲养及技术管理水平。东北北部、内蒙古东部、新疆北部及其他高寒地区，适合饲养黑色品种蜜蜂；西南和华南亚热带地区，西方蜜蜂越夏困难，不宜定地饲养。亚热带地区以及广大山区，适合饲养中蜂。其他蜜源丰富的平原和浅山区，饲养意蜂可以充分发挥它的优良生产性能。

　　开始饲养蜜蜂，以购置5～10群较适宜。蜂群过少，如有损失，不易繁殖补充；在技术经验不足的情况下，饲养蜂群过多，容易造成巨大损失。随着技术的提高，可以逐渐扩大饲养数量。蜂种最好向本省的种蜂场或养蜂研究所购买。

　　春末夏初蜂群正处在发展时期，外界又有蜜源，适宜购买蜂种。亚热带地区，宜在11～12月份购买。选购蜜蜂总的要求是：蜂王在1年龄以内，体大，胸宽，腹部丰满圆长，行动迅速、稳健；工蜂体壮，健康无病；子脾面积大，封盖子脾整齐、成片、无病；巢脾平整，雄蜂房较少，不发黑；蜂箱坚固严密，巢框尺寸标准统一；特别注意不要有细菌性或病毒性蜜蜂传染病。

　　购置的旧蜂箱、木制蜂具，应用煮沸的2%氢氧化钠溶液（50升水加氢氧化钠1千克）或5%漂白粉混悬液（50升水加2.5千克漂白粉）浸洗，然后用清水冲洗，晾干后再用。

　　购买的原群蜜蜂8～10框（每框有蜜蜂七成以上），子脾6～8框（每框有蜂子六成以上），巢脾10个；分蜂群蜜蜂4～5框，子脾3～4框，巢脾5个；中蜂群蜜蜂3～5框，子脾2～3框，巢脾5个。

三、蜜粉源植物

　　分泌花蜜可供蜜蜂采集的植物是蜜源植物；产生花粉可供蜜

蜂采集的植物是粉源植物。大部分被子植物(显花植物)既产花蜜又产花粉。蜜源植物是蜜蜂的饲料源泉,是发展养蜂业的物质基础。所以,应了解蜂场附近2~5千米以内的主要蜜源植物与辅助蜜源植物的种类和数量,有计划地发展和保护蜜源植物。

(一)花蜜和花粉

花是被子植物的生殖器官。典型的花通常由花梗、花托、花萼、花冠、雄蕊(含花药、花丝)、雌蕊(含柱头、花柱、子房)组成(图1-6)。单性花只有雄蕊或者只有雌蕊。

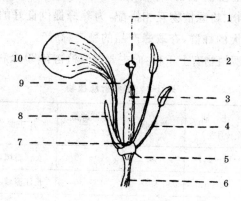

图1-6　典型花的组成

1. 柱头　2. 花药　3. 子房　4. 花丝　5. 花托
6. 花梗　7. 蜜腺　8. 花萼　9. 花柱　10. 花瓣

1. 花蜜　是花内蜜腺的分泌物。蜜腺常位于雌蕊、雄蕊、花瓣、花萼的基部或花托上。花蜜是植物积累的营养液,主要成分为蔗糖,还有葡萄糖、果糖及少量的蛋白质、氨基酸、维生素、色素、香精油和微量的无机盐。棉花、橡胶树、油桐、臭椿、乌桕等植物的叶片、叶缘、叶柄、托叶等营养器官上也有分泌糖汁的蜜腺,称为花外蜜腺。棉花蜜是蜜蜂主要从棉花花外蜜腺采集的糖汁酿制而成的。

2. 花粉 雄蕊的花药通常有 4 个花粉囊。花粉囊里产生花粉粒,它们是植物的雄性生殖细胞。花粉粒发育成熟时,花药裂开散出花粉粒。花粉是蜜蜂所需蛋白质的主要来源。

(二)主要蜜源植物

主要蜜源植物是那些数量多、面积大、花期长、分泌花蜜多,可以生产大量商品蜜的植物。仅能供蜂群自己生活需要或仅能取到少量商品蜜的植物,称辅助蜜源植物。只有主要蜜源植物、辅助蜜源植物、粉源植物互相搭配,为养蜂提供良好的物质基础,才能培养强大的蜂群,夺取蜂产品的稳产、高产。

辅助蜜源植物有上千种,而主要蜜源植物有 30 余种(表 1-2)。

表 1-2 主要蜜源植物

名 称	花 期 (月份)	花粉量	蜂群产蜜 (千克)	主要分布地区
油 菜	12～4,7	多	10～30	长江流域,三北地区
紫云英	3～5	多	15～30	长江流域
柑 橘	3～5	多	10～20	长江流域
荔 枝	3～4	少	20～50	亚热带地区
橡胶树	3～5	少	10～15	亚热带地区
苕 子	4～6	中	25～50	长江流域
龙 眼	5	少	15～25	亚热带地区
柿 树	5	少	5～15	豫、陕、冀
刺 槐	5	微	10～50	长江以北,辽宁以南
紫苜蓿	5～6	中	15～25	陕、甘、宁

续表 1-2

名　称	花　期 （月份）	花粉量	蜂群产蜜 （千克）	主要分布地区
白刺花	4～6	微	20～30	陕、甘、川、贵、滇
枣　树	5～6	微	15～30	黄河流域
窿缘桉	5～7	多	25～50	琼、粤、桂、滇
乌　桕	6～7	多	25～50	长江流域
山乌桕	6	多	25～50	亚热带地区
老瓜头	6～7	少	50～60	宁夏、内蒙古荒漠地带
荆　条	6～7	中	20～50	华北、东北南部
草木樨	6～8	多	20～50	西北、东北
椴　树	7	少	20～80	东北林区
芝　麻	7～8	多	10～20	湘、鄂、赣、皖、豫
棉　花	7～9	微	15～30	华东、华中、华北、新疆
胡枝子	7～9	中	10～20	东北、华北
向日葵	8～9	多	15～30	东北、华北
大叶桉	9～10	少	10～20	亚热带地区
枔	10～12	多	10～15	长江以南
野坝子	10～12	微	15～25	云、贵、川
鸭脚木	11～1	中	10～15	亚热带地区

　　始业养蜂通常是进行定地饲养，首先考虑的是蜜源条件。在蜂场周围半径 3 000 米以内，要有 1～2 种大面积的主要蜜源植物，比较丰富的辅助蜜源植物和粉源植物；要了解主要蜜源植物的品种、数量、开花流蜜期及花期的气候情况。可向当地的农林

部门、养蜂研究所、养蜂学（协）会和供销合作社了解情况。养蜂专业户掌握的情况更详细、具体，要尽可能多访问几家养蜂户，以便广泛、深入、全面地掌握情况。

（三）主要粉源植物

花粉是蜜蜂的蛋白质饲料，也是脂肪、维生素、无机盐的主要来源，对蜂群的生活和繁殖非常重要。主要粉源植物有玉米、高粱、水稻、棕榈及蒿属、杧和蔷薇科、松柏科植物等。此外，各种果树、瓜类也是蜜蜂获得花粉的重要来源。

（四）甘露植物

蚜虫、蚧、木虱等吸取树液为营养，消化吸收后排出体外的含糖排泄物称为甘露。蜜蜂采集甘露酿成的蜜是甘露蜜。其含有较多的糊精、高糖类物质和无机盐，蜜蜂食后不易消化，不宜作为蜂群越冬饲料。因此，对产生甘露的植物也要有所了解。常有上述昆虫寄生、产生甘露的植物主要有松科、柏科、壳斗科、杨柳科等植物，如欧洲落叶松、北美翠柏、欧洲赤松、欧洲冷杉、欧洲云杉、栎属、银白杨、欧洲山杨、黄花柳等。有些蜜粉源植物有时也产甘露，如槭属植物、板栗、玉米等。

四、养蜂机具设备

饲养管理蜂群的工具、机器和设备简称蜂具。蜂箱和许多木制蜂具可以就地取材，自己制备。但是，一定要按照标准制造，统一规格。蜂具的种类很多，这里只介绍蜂箱、巢础和一部分饲养管理用具，其他蜂具结合有关生产的内容叙述。

(一)蜂 箱

含有活动巢框的蜂箱(活框蜂箱)是科学养蜂的重要生产工具。应用活框蜂箱养蜂,可以随时打开蜂箱,拿出巢脾了解蜂群的情况,观察蜜蜂的生活活动,根据需要和可能,生产各种蜂产品,而且便于进行转地饲养。

蜂箱长期在露天放置,经受雨淋、日晒,而且蜜蜂必须在蜂箱里生活、抚育蜂子、贮存饲料,所以蜂箱的结构必须符合标准、坚固耐用,合乎蜜蜂的生活习性。制造蜂箱需选用坚实、质轻、不易变形的木材,而且要充分干燥。北方以红松、白松、椴木、桐木为宜,南方以杉木为宜。

目前我国饲养欧洲蜜蜂使用最普遍的蜂箱是10框标准蜂箱和16框卧式蜂箱。饲养中蜂宜使用中蜂标准蜂箱。

1. 10框标准蜂箱 是世界上饲养欧洲蜜蜂使用最普遍的蜂箱,又称朗氏蜂箱。它由10个巢框、箱身、箱底、门板、副盖(或纱盖)、箱盖及隔板组成。需要时可在箱身(巢箱)上叠加继箱。继箱与活底蜂箱的箱身通用(图1-7)。蜂群发展到8~10框蜂时,叠加继箱,可以及时扩大蜂巢,充分发挥蜂王的产卵力,培养强群。使用隔王板可把巢箱的育虫区和继箱的贮蜜区分隔开,有利于提高蜂蜜的质量和加速蜂蜜的成熟。

2. 16框卧式蜂箱 是含有16个标准巢框的横卧式蜂箱(图1-8)。通过加脾可横向扩大蜂巢。也可用闸板把蜂箱分隔成2~3区,实行多群同箱饲养。

3. 中蜂标准蜂箱 是专为科学饲养中蜂设计的蜂箱(图1-9)。中蜂标准蜂箱使用浅继箱,主要作贮蜜用。巢门板上有数个圆洞巢门,直径约4毫米,能阻止西方蜜蜂钻入。在发现西方蜜蜂盗取中蜂箱内蜂蜜时,将蜂箱下面的巢门关闭,中蜂可以从圆洞出入。

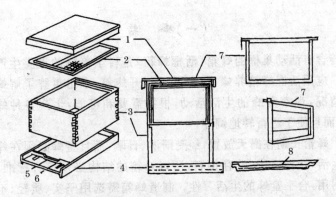

图1-7　10框标准蜂箱结构

1. 箱盖　2. 副盖　3. 箱身　4. 箱底

5. 门板　6. 巢门　7. 巢框　8. 巢框上梁

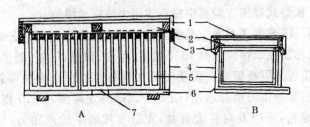

图1-8　16框卧式蜂箱结构

A. 正剖面　B. 侧剖面

1. 箱盖　2. 纱盖　3. 木带　4. 箱身

5. 巢框　6. 箱底　7. 巢门

　　这3种蜂箱(包括继箱)的箱身(巢箱)内围和巢框的尺寸见表1-3和表1-4。

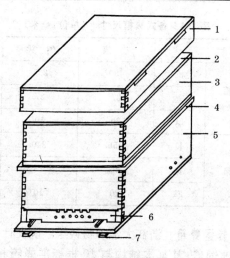

图 1-9 中蜂标准蜂箱结构

1. 箱盖 2. 副盖 3. 浅继箱 4. 护箱条
5. 箱身 6. 巢门板、附圆洞巢门 7. 箱底垫木

表 1-3 3 种蜂箱的巢箱(固定箱底)内围尺寸 （单位:毫米）

箱　式	长	宽	高
10 框标准蜂箱	465	380	265
10 框标准继箱	465	380	245
16 框卧式蜂箱	465	630	265
中蜂标准蜂箱	460	370	270
中蜂浅继箱	460	370	135

表 1-4 各式巢框尺寸 （单位:毫米）

箱 式		上 梁	侧 梁	下 梁
10 框标准蜂箱 及 16 框卧式蜂箱	长	480	225	425
	宽	27	27	15
	厚	20	10	10
中蜂标准蜂箱	长	456	240	400
	宽	25	25	15
	厚	20	10	10

4. 简便转运蜂箱 浙江大学动物科学学院设计的转运蜂箱，特别适合转地饲养,其基本结构与 10 框标准蜂箱相同。特殊结构是:前、后箱壁内侧距承框槽 60～100 毫米处装设巢脾快速固定器;箱身两侧壁下部的箱板,向前伸出箱前壁 55 毫米、高 10 毫米的一段,既可安装巢门翻板,其上钉上盖板,关上巢门翻板时,又可作为蜜蜂栖息的走廊;箱底距前缘 120～220 毫米处开一底气窗,有滑板,可开闭。

5. 泡沫塑料蜂箱 泡沫塑料热传导系数低,既能保温,又能隔热,不怕潮湿,质量轻。用泡沫塑料蜂箱养蜂,由于保温好,蜜蜂在越冬期间饲料消耗少,春季蜂群发展快。夏季暑热天气又能防热。但是泡沫塑料能被蜜蜂咬坏,强度不如木料,所以泡沫塑料蜂箱内壁和上、下口要加固。

可用厚度 20 毫米左右的泡沫塑料板按照蜂箱尺寸制作,用木工的白乳胶粘接。蜂箱内壁、左右两壁上口和底面用三合板贴面,前、后壁上口粘上承担巢框的木条。蜂箱大盖用木板制作四周的木框,上面粘上泡沫塑料板,再用塑料地板革覆面防雨。还可用泡沫塑料制作继箱、交尾箱及木制蜂箱内外和箱顶的保温材料。

现在有以下几种塑料蜂箱:①带继箱的塑料蜂箱(图 1-10);

②加继箱的塑料蜂箱(图1-11)。箱盖内衬泡沫板隔热保温,并有通风槽。副盖带压脾槽并配备采胶板,隔王板带压脾槽。蜂箱和继箱隔热保温,前后用推拉式通风窗及连接器,并配有塑料巢框;箱底配备脱粉器。还有自动流蜜巢脾蜂箱,继箱里放置的塑料巢脾其巢房无巢房底,导蜜槽接连导管引到继箱外(图1-12),为北京艾森维尔蜜蜂乐园研发。现在有厂家生产2框、4框和7框式自动流蜜巢脾继箱(图1-13)。

图1-10　带继箱的塑料蜂箱

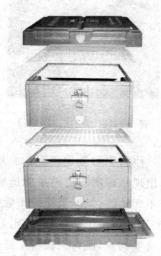

图1-11　加继箱的塑料蜂箱

（二）巢　础

巢础是安装在巢框内供蜜蜂筑造巢脾的基础。它是人工制造的蜂蜡片,经巢础机压制而成,是巢房底和巢房壁的根基。有供饲养欧洲蜜蜂使用的意蜂巢础,生产雄蜂蛹用的雄蜂巢础,饲养中蜂用的中蜂巢础。使用巢础筑造的巢脾整齐、平整、坚固,并且雄蜂房较少。

图 1-12 自动流蜜巢脾蜂箱 　　图 1-13 　7框式自动流蜜继箱

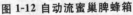

　　使用塑料巢础筑造的巢房规格一致,造成的巢脾强度大,不易出现雄蜂房。塑料巢础造成的巢脾可以多次熔蜡、更新;熔蜡中不含矿蜡,保证了蜂蜡质量;化蜡方法简单,可直接放入 80℃～100℃ 的热水中熔蜡,也可用刀割下来。塑料巢础可以反复使用,经常造新脾,既可以保持工蜂个体强健,又能减少病原,有利于培养健康的强群;塑料巢础造成的巢脾容量大,可供产卵面积大,装蜜多;塑料巢础安装方便,不用埋铅丝,装在巢框上、下梁的槽口里就完成了。

　　初次使用时,在塑料巢础巢房的棱角上刷上一层蜂蜡或涂上少量蜂蜜,再撒上一些蜡屑,以促进蜜蜂接受、造脾;在大流蜜期加入塑料巢础,造脾效果好;将造好的塑料巢础巢脾集中放在一个蜂群内,再加入新的塑料巢础,接受率更高;刚造好的新脾产卵较慢,产过一次卵以后就正常了。全塑料巢脾的巢房深度与蜂蜡巢脾相同,可以放入蜂群直接使用。

　　国内已有几家单位生产销售塑料巢础和中蜂、意蜂深房塑料巢础,东北林业大学蜂业研究室生产了 4 种塑料巢脾。塑料巢脾可以育虫、贮蜜、生产雄蜂蛹,用组装式塑料巢脾还能生产蜂粮(添加了花蜜和蜜蜂分泌物,贮在巢房里的花粉)。绿纯(北京)生物科技发展中心生产了一种带巢框的塑料巢础(彩页 4),甘肃祥业农业投资开发有限公司生产的"半深房整体巢脾"也是一种塑料巢脾(彩图 4)。

(三)饲养管理用具

　　检查、管理蜂群常用的蜂具有面网、起刮刀、喷烟器和蜂扫等。

　　1. 面网　是管理蜂群保护操作者头部和颈部免遭蜂蜇的用具。

　　2. 起刮刀　养蜂的专用工具。一端是弯刃,另一端是平刃(图1-14)。用于撬动、刮、铲东西。如撬动副盖、刮铲蜂箱内的污物等。

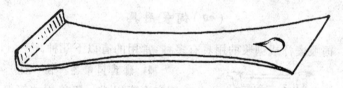

图 1-14　起刮刀

　　3. 喷烟器　镇服或驱逐蜜蜂的工具。使用时,把纸、干草或麻布等点燃,置入发烟筒内,盖上盖嘴,鼓动风箱,使其喷出浓烟(图 1-15),注意不要喷出火焰。

　　4. 蜂扫　主要用来扫除巢脾上附着的蜜蜂,是长扁形的长毛刷。

　　5. 蜂具凳　可放置管理用的蜂具和记录本,检查蜂群时当坐凳。

　　6. 隔王板　是控制蜂王产卵和活动范围的栅板,工蜂可自由通过(图 1-16)。平面隔王板是把育虫巢和贮蜜继箱分隔开,便于取蜜和提高蜂蜜质量。框式隔王板可把蜂王控制在几个脾上产卵。

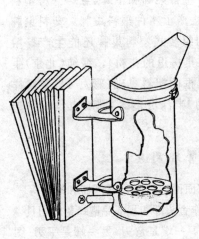

图1-15 喷烟器   图1-16 隔王板

(四)饲喂用具

饲喂蜜汁或糖浆的用具有多种,常用的有以下几种。

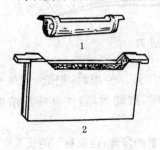

图1-17 框式饲喂器
1. 竹制框式饲喂器
2. 木制框式饲喂器

1. 瓶式饲喂器 由一个广口瓶和底座组成。瓶盖用寸钉钉出若干个小孔,将装满蜜汁的瓶子倒放,插入底座,则蜜汁能够流出而不滴落。晚间将它从巢门插入巢内,进行奖励饲喂,能避免引起盗蜂。对于未满箱的弱群,可将它放在蜂箱内的隔板外面饲喂。

2. 框式饲喂器 为大小与标准巢框相似的长扁形饲喂槽,有木制的,有塑料制的,也有用粗竹子制造的(图1-17)。器内有薄木片浮条,饲喂时供蜜蜂立足吸食。框式饲喂器适合进行补助饲喂。

此外,还有塑料杯饲喂器和输液式饲喂器。

(五)其他工具设备

蜂箱、巢框等木制蜂具居多,需要经常维护修理。因此,养蜂人员要学会木工的基本操作技术,要有一套木工用具,如锯、刨、锤子、钳子、螺丝刀等。

蜂箱(含巢箱、继箱和巢框)、巢础、面网、起刮刀、分蜜机、饲喂器等是必不可少的蜂具设备。根据生产需要,还可添置生产蜂王浆、蜂花粉或蜂胶的工具、熔蜡设备等。

(六)养蜂平台

山东省东营市蜜蜂研究所所长宋心仿与山东五征集团密切合作,经过 3 年的研发试制,广泛征求养蜂专家和养蜂专业户的意见和建议,对养蜂平台的功能、配置等进行了深入细致的探索。五征集团试制了数种不同样式、不同功能的样车,从中精选出大、小两类 4 种车型的养蜂平台(养蜂专用车),已经批量生产。现将上市的两类 4 种车型简介如下。

1. 大型车 A　带房,车厢长 6.9 米,可装载蜜蜂 150～160群。其中两侧固定 80 群,中间通道可装卸放 80 群。车载小房面积 4.68 米^2,房内配置双层折叠床,可睡 3 人。还配有多功能折叠工作台,可用于生活、移虫和取浆等生产活动。另外,房内还可选配电视机、电风扇、冰箱、电子计算机等电器(彩页 4)。

2. 大型车 B　不带房,车厢长 6.9 米,可装载蜜蜂 210～220群,其中两侧固定饲养 112 群,中间通道装卸放 100～110 群。

3. 小型车 A　带房,车厢长 6 米,可装载蜜蜂 110～120 群,其中两侧固定饲养 60 群,中间通道可装卸放 50～60 群。车载小房面积及配备与大型车 A 相同。

4. 小型车 B　　不带房,车身长 6 米,可装载蜜蜂 170~180 群,其中两侧固定饲养 90 群,中间通道装卸放 80~90 群。

各型养蜂专用车都配有起吊电动葫芦、滑动工作台、遮阳网、蜂箱移动滑轮、逆变电源、汽油发动机、喷水装置及配套的水管、工作、生活梯子各 1 架,水箱、储物间、工具箱、蜜蜂踏板(分黄、绿、白 3 种颜色)等。还可配备小型汽、柴油发电机组,太阳能发电机组及电视机、冰柜等生活电器,也能使用电动甩浆机、电动分蜜机、花粉干燥箱等生产机具。养蜂专用车可使养蜂人自行决定转场时间,机动性强,每年可多采集 2~3 个蜜源,可大大提高养蜂生产效率,降低劳动强度,改善工作环境,节省费用支出,增加经济收益,仅运费一项每年可节省 2 万~4 万元。配有小房间和电源的专用车,可以使用电动生产工具,提高蜂产品质量,并能大大改善养蜂人的生活条件和劳动强度,可以吸引青年人从事和安心养蜂生产。购买养蜂平台(含蜜蜂踏板、蜂箱保湿装置、蜜蜂饲喂装置、电动摇蜜机、电动取浆机、花粉干燥箱)享受国家补贴 30%,各省、自治区、直辖市还可自行规定补贴数额,山东省确定购买每台养蜂平台在国家补贴的基础上再补贴 5 万元。

五征集团于 2015 年 6 月份推出了第三代养蜂专用车,主要有以下特点:①采用国四发动机,动力强劲、性能可靠;②独创自动控制滑动工作平台和自动起落后部挡板装置;③配备 5.2 米² 折叠房,装配在养蜂车一侧,使养蜂平台具有独立舒适的工作、生活空间;④增加了固定载蜂量:中间新增两排放蜂架,启动电机可灵活拉进推出,不需装卸蜂箱;⑤养蜂人可在中间走廊滑板上,灵活完成各种管理和生产活动;⑥电动提升装置可提升蜂箱、蜜桶等重物,大大减轻了养蜂人的劳动强度。第三代养蜂平台(图 1-18)有 4 种车型。

大型带房:可载蜂 168 只继箱群,司机需具备 B2 驾照。

大型不带房:可载蜂 184 只继箱群,司机需具备 B2 驾照。

小型带侧挂房:可载蜂 80 只继箱群,司机需具备 C1 驾照。

小型带拆装房:可载蜂 96 只继箱群,司机需具备 C1 驾照。

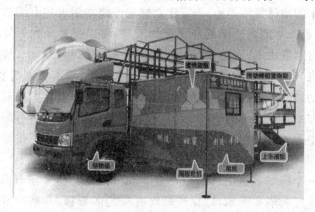

图 1-18 第三代养蜂平台(养蜂专用车)

五、建场和养蜂常规管理技术

(一)养蜂场地的选择

养蜂场所的环境条件与养蜂的成败和蜂产品的产量密切相关。应经过周密的调查,选择蜜源丰富、环境适宜的地方建立蜂场。养蜂场地周围半径 2.5 千米范围内,全年至少要有 1~2 种大面积的主要蜜源植物。同时,还要有多种花期交错的辅助蜜源、粉源植物。依赖辅助蜜源植物可以培养壮大蜂群,造脾或生产蜂王浆;利用流蜜量大的主要蜜源可大量生产蜂蜜。养蜂场地要求背风向阳,地势高燥,不积水,小气候适宜。蜂场周围的小气候,直接影响蜜蜂的飞行、出勤、收工时间及植物的泌蜜。西北面最好有院墙或密林,山区应选在山脚或山腰南向的坡地上,背有挡风屏障,前面地势开阔,阳光充足,场地中间有稀疏的小树。这样的场所,冬、春季可防寒风吹袭,夏季有小树遮阳,免遭烈日暴晒,是理想的建场地方。高寒山顶、经常出现强大气流的峡谷、容易积水的沼泽荒滩等地,不宜建立蜂场。蜂场附近应有清洁的水源,若有长年流水不断的小溪更为理想,可供蜜蜂采水。蜂场前面不可紧靠水库、湖泊、大河,以免蜜蜂被大风刮入水中,蜂王交尾时也容易落水溺死。蜂场的环境要求安静,没有牲畜打扰,没有振动。在工厂、铁路、牧场附近和可能受到山洪冲击或有塌方的地方不宜建立蜂场。在农药厂或农药仓库附近放蜂,容易引起蜜蜂中毒,也不宜建场。在糖厂或果脯厂附近放蜂,不仅影响工厂工作,还会引起蜜蜂伤亡损失。

一个蜂场放置的蜂群以不多于50群蜂为宜,蜂场与蜂场之间至少应相隔2千米,以保证蜂群有充足的蜜源,并减少蜜蜂疾病的传播。注意查清附近有无虫、兽敌害,以便采取防护措施。对于固定蜂场,要求的条件比较严格,因此需要进行周密的调查,将蜂群放在预选的地方试养2~3年,确认符合条件以后,再进行基本建设。

(二)蜂群的排列

新开辟的养蜂场地,首先要清除杂草、平整土地、打扫干净,然后排列蜂群。蜂群排列的基本要求是便于蜂群的管理操作和便于蜜蜂识别本群蜂箱的位置。蜂群数量较少的,可以采取单箱单列或双箱并列;蜂群数量较多的蜂场,采取分行排列,各行蜂箱互相交错陈列,群距1米,行距2~3米,距离较宽为好。中蜂群宜散放,亦可2~3群为1组,分组放置,各群或各组之间的距离宜大。交尾群或新分群应散放在蜂场边缘,使巢门朝向不同的方向,并且适当地利用地形、地物,以便于蜜蜂识别自己蜂箱的位置。

如果是转地放蜂途中,在车站、码头临时放置蜂群,可以一箱挨一箱地排成圆形或方形(图 1-19)。

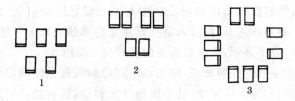

图 1-19　蜂群排列的形式

1. 单箱排列　2. 双箱并列　3. 方形排列

蜂箱的巢门朝南或东南、西南方向,可使蜜蜂提早出勤,低温季节有利于蜂巢保温。蜂箱用砖块、石块、木架等垫高 20～30 厘米,以免地面湿气侵入蜂箱,使箱底霉烂,并可防止敌害潜入箱内危害蜂群。蜂箱应左右放平,后面垫高 2～3 厘米,防止雨水流入蜂箱,也便于蜜蜂清扫箱底。

对于蜂群的排列,要预先考虑周到,因为蜜蜂认识蜂箱的位置以后,再要变动它的位置就比较麻烦了。

(三)蜂群的检查

在蜜蜂活动季节,蜂群中蜜蜂、蜂子和蜜粉饲料贮备的数量经常变化,应通过检查了解蜂群的情况,采取适当的管理措施,为蜂群的生活、发展和蜂产品生产创造有利条件。开箱检查,可以掌握蜂群的具体情况;从箱外观察蜜蜂的活动,可以推测蜂群的情况。

1. 开箱检查　即取下蜂箱箱盖,把巢脾提出来察看。检查蜂群以前,准备好随手应用的起刮刀、蜂扫、蜂具凳等用具和记录本,戴上面网。为了避免蜂蜇,要穿着浅色服装;春、秋季节气温较低时,扎上袖口和裤腿,防止蜜蜂钻入衣内;身上不要有浓烈的酒、蒜、葱、香水等刺激性气味;从蜂箱侧面或后面走近蜂群,站在蜂群侧面,背向日光;还可点燃喷烟器,向巢门喷少量烟,然后取下箱盖,倒放在箱后的地面上。用起刮刀轻轻撬动副盖,稍等片刻,取下副盖和盖布,翻过来搭在蜂箱巢门前的底板上。这时,亦可向巢内喷少量烟,使巢框两侧的蜜蜂爬入巢内。

点燃一些卷好的草纸、麻布、破布等燃料,放在喷烟器的燃料筒内,用起刮刀将它压下,鼓动风箱使燃料点燃,再加一些燃料把火焰压下去,只让它喷出浓烟,不喷出火星,准备随时应用。

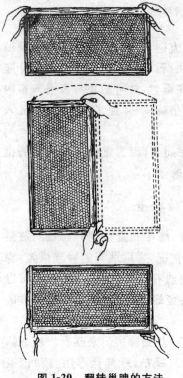

图 1-20 翻转巢脾的方法

把隔板向外推开或提到箱外;用起刮刀依次插入两框之间靠近框耳(巢框的握手)处,轻轻撬动,使粘连的巢脾松动,即可提出巢脾察看。如果箱内放满了巢脾,先提出第二个巢脾,临时靠在蜂箱旁边或放在一只空蜂箱内。提脾检查的方法是:双手紧握巢框两端的框耳,将巢脾垂直地提出,注意不要与相邻的巢脾和箱壁碰撞,以免挤伤或激怒蜜蜂。使提出的巢脾的一面对着视线,与眼睛保持约 30 厘米的距离。察看完一面需要看另一面时,将巢框上梁垂直地竖起,以上梁为轴使巢脾向外转半个圈,然后把双手放平(图 1-20)。察看巢脾和翻转巢脾时,应使巢脾始终与地面保持垂直,以防止巢脾里的稀蜜汁和花粉撒落。需要察看的巢脾看完后,放回蜂箱,摆好蜂路(脾间距离),还原隔板,盖好副盖和箱盖。

　　初次检查蜂群，首先要克服恐惧心理，动作要轻稳。若有蜜蜂扑面飞舞，可稍停片刻，或向巢内和飞舞的蜜蜂喷一些烟，用喷烟镇服蜜蜂。有经验以后，尽量少使用喷烟器。即使偶尔被蜇，也不要慌张，可将巢脾放下，刮去螫针。切不可扑打蜜蜂，弃脾逃跑。

　　根据检查蜂群的范围和目的要求的不同，开箱检查又可分为全面检查、局部检查和寻找蜂王。

　　（1）全面检查　即将巢脾逐框全部提出，仔细察看一遍，了解蜂群的全面情况，包括巢脾、蜜蜂、蜂子、蜂王的情况和有无疾病。在分蜂季节，还要察看是否出现王台。全面检查蜂群时，一般问题随时处理，同时做好记录。个别蜂群的特殊问题，可在检查完全部蜂群后再做处理。

　　①巢脾数量和质量　巢脾数包括子脾、蜜脾、粉脾、空脾和巢础框数。供蜂王产卵的巢脾含有的雄蜂房应在 5% 以下。新脾是当年造的巢脾。淡棕色的是使用 2～3 年的巢脾。产卵使用了 3 年以上的巢脾，颜色黑暗、房孔缩小，要及时淘汰。脾面凹凸不平的、雄蜂房多的、被巢虫咬毁的、长霉的巢脾都不能继续使用。

　　②蜂群群势　即蜜蜂数量，通常按框（脾）数计算。1 个意蜂标准巢脾两面爬满蜜蜂约有 2 500 只（重约 250 克）。精密计算时，按每个巢脾上蜜蜂的成数（百分率）统计，折合成总框数。一般统计时按四舍五入计，即有五成蜂以上的按 1 框计，五成蜂以下的不计。

　　③子脾数量　有的分为卵虫脾和蛹脾两种。精密计算按每脾所含蜂子的百分率折合成总框数，一般计算按四舍五入计。

　　④蜜粉脾数量　1 个标准巢脾装满蜂蜜约重 2500 克，其中巢脾重 500 克，蜂蜜净重 2 000 克。装有一半蜂蜜的可称为半蜜脾。通常只统计整蜜脾、半蜜脾和整框的花粉脾，子脾边角的蜜、粉不计在内。

⑤蜂王情况　在蜜蜂活动季节,蜂王每昼夜都在产卵。所以,只要看到子脾上有卵虫,则不必每次检查蜂群都寻找蜂王。好蜂王在质量优良的巢脾内可以把卵产到接近巢脾的上梁,子脾面积达到八成以上。

⑥王台情况　当蜂群发展强壮、巢内出现雄蜂时应注意检查是否有王台。分蜂王台通常造在巢脾下边和两侧边缘。在割下王台的同时,应及时采取控制分蜂的措施。

⑦病敌害情况　健康幼虫呈白色、有光泽,染病幼虫呈灰白色至棕黑色、有臭味。健康蛹的封盖呈棕色,封盖子密集成片;患病蛹的封盖有的塌陷、呈深棕色至黑色,有的有穿洞,有的有臭味。应挑开数个房盖,仔细检查。发现幼蜂的翅卷曲,要查明病因。全面检查需要较长的时间,对蜂巢内的温、湿度和蜜蜂的活动有较大影响,还容易发生盗蜂,次数不宜过多。一般在春季陈列蜂群后、容易发生分蜂的时期、主要采蜜期开始前和结束后、蜂群准备越冬时以及蜂群转运前后,进行全面检查。时间宜选择风和日暖、气温在14℃以上时进行。夏季宜在早晚检查。主要流蜜期尽量避免在蜜蜂出勤高峰时开箱。检查结果和采取的管理措施,应简要地记录在蜂群检查记录表上。

检查继箱群时,把箱盖翻转放在箱后的地面上,继箱搁在箱盖的框边上,用起刮刀轻轻撬动隔王板的四角,取下隔王板,搭在蜂箱底板前。先检查巢箱,后检查继箱里的情况。

(2)局部检查　是为了解蜂群某种特定情况,只提出少数几个巢脾察看。局部检查省时省工,少打扰蜂群,主要是察看饲料情况、上蜜情况和加减巢脾。

①饲料情况　边脾是蜜脾,表明饲料充足;边脾或第三脾两上角有封盖蜜,说明贮蜜短期够用,否则为饲料缺乏,需要饲喂。

②上蜜情况　框梁上和巢脾上部出现白色新蜡,表明外界有蜜源;提起边脾估计大概重量,决定是否加脾或加继箱。

③加减巢脾 副盖或覆布下、隔板外、边脾上充满蜜蜂,表明需要加脾扩大蜂巢;边脾无蜂或蜜蜂稀少,需要抽脾缩小蜂巢。早春,为了蜂巢保温通常保持蜂多于脾,使蜜蜂密集,应根据子脾情况加减脾。

(3)寻找蜂王 蜂王的足比工蜂的足长,呈红棕色。它通常在有空巢房的子脾上产卵。提脾检查时,它常爬到巢脾边缘较暗的地方。检查巢脾时,首先从上到下察看整个脾面,然后在巢脾边缘寻找,再翻转另一面寻找,时常可在另一面找到它。

不必每次检查蜂群都看到蜂王。只要在未封盖子脾上看到有卵,就证明蜂王存在。必须找到蜂王时,可取一只空继箱放在倒放着的箱盖上。在检查的巢箱里留下一张外侧的蜜脾,其余巢脾带蜂都提到空继箱中。在需要检查的巢箱上加隔王板和空继箱,从放在箱盖上的继箱里逐一提出巢脾,将蜂抖落在空继箱中,在隔王板上就可找到蜂王。

2. 箱外观察 经常到蜂场巡视,在箱外观察蜜蜂的活动和各种迹象,推断蜂群的大致情况,必要时进行个别蜂群的重点检查。

(1)有无鼠害 蜂群越冬期,蜂箱前有碎蜂尸,表明发生了鼠害;如果从巢门掏出了碎蜂尸和蜡渣,说明老鼠已潜入箱内,要开箱处理。

(2)饲料缺乏 越冬后期,个别蜂群不管天气好坏不断往外飞或在巢门前爬出爬进,提起蜂箱感到很轻,表明缺乏饲料。箱底死蜂成堆,死蜂腹缩小、喙伸出,说明蜜蜂是饿死的。

(3)中毒死亡 蜂场上有大量死蜂,翅散开、喙伸出、腹勾曲,大多是采集蜂,这是中毒的症状。

(4)下痢症状 早春,蜜蜂飞翔排泄时,巢门附近、蜂箱前壁有棕黑色粪污,表明越冬饲料稀薄,含有甘露蜜或者感染了孢子虫病。

(5)胡蜂侵害 夏、秋季,场地有缺头、断足的死蜂,表明有胡蜂袭击蜜蜂。

（6）发生螨害　不断发现一些体格弱小、翅残缺的蜜蜂爬出箱外，可能是遭受了螨害。

（7）蜂王情况　有蜜粉源的晴暖天气，蜜蜂频繁出入，回巢蜂的一对后足携带着花粉团，表明蜂王健在。个别蜂群的蜜蜂很少出巢采集花粉，有些蜜蜂在巢门前振翅、来回爬动，可能是丧失了蜂王。

（8）分蜂预兆　分蜂季节，个别蜂群很少有蜜蜂出去采集，许多蜜蜂在巢门前形成"蜂胡子"，有的蜜蜂在咬巢门，说明蜂群在准备进行自然分蜂。

（9）发生盗蜂　蜜源稀少时，巢门前有蜜蜂抱团厮杀，进巢蜂腹小，出巢蜂腹大。这是发生盗蜂的迹象。

（10）通风不良　夏季，许多蜜蜂在巢门前扇风，晚间有些蜜蜂在巢前聚集成堆，表明蜂箱通风不良。

（11）进入流蜜期　全场蜂群都在忙碌从事采集，蜜蜂扇风酿蜜之声彻夜不停，表明已经进入主要蜜源植物的大流蜜期。

（12）幼蜂试飞　天气晴暖，在中午有数十只蜜蜂在蜂箱前盘旋飞舞，这是幼蜂认巢的集团飞翔，又称试飞。

3. 记录　这对了解蜜蜂的生活活动，蜂群的发展规律，蜂群对各种管理措施的反应以及蜜源植物的开花、泌蜜等情况有重要作用。

（1）蜂群检查记录　该记录有两种表格：一种是全场蜂群的总表，它是按检查次序（日期顺序）记录全场蜂群的情况及各项管理工作的。根据它可以了解蜂群在当地的环境条件下发展变化的规律，并且可以比较各个蜂群的生产性能和生物学特性。另一种是分表，记录个别蜂群在一年中的变化情况、发现的问题和处理方法。它可以帮助了解个别蜂群的消长情况、生产性能和特性（表1-5，表1-6）。

表1-5 蜂群检查记录表 （总表）

_____蜂场 _____年___月___日

蜂群号码	蜂王情况	巢脾数					群势			发现的问题或工作事项
		共计	子脾	蜜脾	粉脾	空脾	巢础框	蜜蜂	卵虫脾	蛹脾	

表1-6 蜂群情况记录表 （分表）

_____蜂场 第_____号蜂群

上代母群号 第_____ 蜂王出生日期_____年___月___日

检查日期	蜂王情况	巢脾数					群势			发现的问题或工作事项
		共计	子脾	蜜脾	粉脾	空脾	巢础框	蜜蜂	卵虫脾	蛹脾	

每次检查蜂群时，把蜂群的情况和处理工作简要地填写在总表内。以后再把各个蜂群的情况分别记入分表。在每次检查蜂群前，先看看上次的记录，做到心中有数。

在表内"发现的问题或工作事项"栏内，应记载检查到的问题和处理方法。例如，出现雄蜂蛹或雄蜂的日期，发现王台，缺蜜、缺粉,加脾或减脾,加继箱等。

每个蜂群都有编号,但不是给蜂箱编号,可用漆在小铁片或木片上写上号码,挂在蜂箱前壁。群号跟随蜂群移动。在分蜂时,如将蜂王与部分蜜蜂移到另一蜂箱,则群号随蜂王转移。

(2)蜂场日记 主要记录影响蜂群生活活动的自然环境条件的变化情况,包括气象和正在开花流蜜的主要蜜源植物,以及示重群的重量(表1-7)。经过多年记载和仔细分析蜂场日记,可以得出当地气候的变化规律,主要蜜源植物的情况,以及它们对于蜂群生活的影响。例如,备注栏记录普遍发生分蜂热的日期,然后研究、分析巢内外的条件,就会逐渐认识哪些因素是促成蜂群分蜂的主要原因。

表1-7 蜂场日记

日期	阴处气温			相对湿度	降水量	气象			蜜源植物	备注
	7时	13时	21时			上午	下午	夜间		

(3)示重群记录 示重群是放在地秤上的强壮蜂群,用来测定其每天重量的变化,以便了解蜜源植物泌蜜的开始、结束日期和采蜜量。如果示重群的重量不变,表明有蜜源,但是采回巢内的蜜、粉仅够蜂群当天的消耗;倘若重量增加,就表示采来的饲料除去消费以外还有剩余;重量减轻,则表示蜜源稀少。

记录是学习养蜂技术的重要参考资料。根据多年的记录,能够在养蜂年度开始前,预先制定蜂场工作计划和生产计划,加强养蜂工作的计划性。

（四）蜂群的合并

蜂群的合并就是把两群或多群蜜蜂合并组成一个蜂群。强壮蜂群是获得蜂产品高产的基础，而且管理方便。弱群不但没有生产能力，还容易发生盗蜂或感染病害。所以，群势过弱、没有生存和生产能力的蜂群，丧失了蜂王或蜂王伤残、没有贮备蜂王可以更换的蜂群，都需要及时合并。

每个蜂群都有其特殊的气味，称为群味。群味是由蜂群中各个成员（蜂王、工蜂、雄蜂）的信息素和各种成分（巢脾、蜂蜜、花粉）等的气味混合形成的。蜜蜂凭借灵敏的嗅觉，能够辨别本群的蜜蜂和其他群的成员。如果随意把不同群的蜜蜂合并，就会引起互相斗杀。

1. 合并蜂群时的注意事项　原则上应将弱群合并入强群，无王群合并入有王群。如果两个有王群合并，则在前一天先捉去其中一只质量差的蜂王。如果被并群的群势较强，可把它分成2～3份，分别合并到其他蜂群。为减少被并群的蜜蜂返回原巢址，最好将它与相邻的蜂群合并。合并蜂群前，应仔细检查被并的无王群，确保被并群无蜂王和王台。合并蜂群宜在傍晚进行，这时蜜蜂大部分已经归巢，而且没有盗蜂袭扰，便于操作。为了保证蜂王的安全，可用扣脾笼（安全诱入器）、王笼把蜂王关入，在蜂群内临时保护起来，合并成功后再放出。丧失蜂王时间过长，巢内老蜂多、子脾少的蜂群，要先补充1～2框未封盖子脾后再合并，或把它分散与几个蜂群合并。

2. 合并蜂群的方法　有直接合并和间接合并两种方法。

（1）直接合并　这种方法适用于主要蜜源植物流蜜期（大流蜜期）。这时，各个蜂群都采集同样的蜜源，浓烈的蜜味使各群群味基本相同。同时，由于蜜源丰富，蜜蜂放松了警惕，容易合并。早春，刚搬出越冬室的蜂群也容易合并。

把有王群的巢脾连蜜蜂调整到箱内一侧,将被并群的巢脾连同蜜蜂放入另一侧,两部分巢脾间隔 1 框的距离,或中间插上隔板隔开。合并蜂群时,可向箱内喷一些烟,或喷少许白酒,混淆两者的群味。亦可喷洒蜜水,其中加点香精更好。翌日,把两群的巢脾靠拢,多余的巢脾抖落蜜蜂后提出,盖好箱盖即可。

(2)间接合并 是使两群蜜蜂逐渐接触,或群味混合后再并到一起。间接合并安全可靠。做法是:傍晚取下合并群的箱盖和副盖、覆布,铺上一张扎有许多小孔的纸张,上放一空继箱,把被并群的巢脾连同蜜蜂放入继箱内,盖好箱盖。蜜蜂把纸张咬穿,两群就自然合并了,然后整理蜂巢。亦可在巢箱和继箱间加一个铁纱盖,经过 2～3 天,两群群味混合后,撤去铁纱盖,将蜂群合并。炎热天气,继箱里的被并群要通风。

(五)蜂王的诱入

蜂群的蜂王突然丧失或蜂王衰老、伤残、产卵力下降需要更换,在人工分蜂组织新蜂群及引进优良种蜂王时,都要诱入蜂王。蜂王分泌的信息素,使蜜蜂能够识别本群蜂王和陌生蜂王。蜜蜂遇到陌生蜂王就会攻击,因此诱入蜂王时要保证蜂王的安全。在更换蜂王时,先把淘汰的蜂王取出;如果给强群更换蜂王,淘汰其蜂王后,可把蜂群分成两部分,先给一部分诱入蜂王,诱入成功释放蜂王后,再将另一部分合并。给无王群诱入蜂王时,要把其巢内的王台全部毁除干净。在诱入蜂王前 2 天,对被诱入的蜂群进行奖励饲喂,则蜂群容易接受诱入的蜂王。诱入蜂王后,不要急于开箱检查。每天在箱外观察蜜蜂的活动情况,如果巢前没有蜜蜂来回乱爬,巢前附近地面未发现蜂王尸体,蜜蜂采蜜、采粉活动正常,就是诱入成功的表现。诱入蜂王也分间接诱入和直接诱入两种方法。

1. 间接诱入 是使用器具诱入蜂王,蜂王安全,蜜蜂容易接受。尤其是诱入种用蜂王和给失王较久的蜂群诱入新蜂王,安全可靠。用全框诱入器(图 1-21 之 1)诱入蜂王,既安全又不影响被诱入蜂王的产卵。把有蜂王和蜜蜂的巢脾装入全框诱入器,脾上要有一些贮蜜,关上上面的盖板,放进无王群里,经过 3~4 天,撤去全框诱入器即可。由于蜂王在蜂群里生活了一段时间,并正常产卵,容易被蜂群接受。也可使用安全诱入器(图 1-21 之 2),把蜂王装入诱入器内,选一张幼蜂多、有少量蜜的子脾,把安全诱入器的底板抽出,把它扣在有数只幼蜂和一些蜜房的地方。经过1~2 天,如果有一些蜜蜂围在铁纱外面,甚至有的蜜蜂咬铁纱,说明蜜蜂没有接受,需要继续将蜂王囚禁几天。铁纱外面没有蜜蜂包围,有蜜蜂饲喂蜂王时,就可以把蜂王释放。用粗铁纱制成长15 厘米、宽 12 厘米、高 1.5 厘米的大型扣脾笼诱入产卵蜂王,不

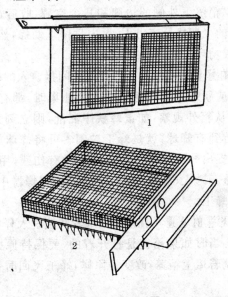

图 1-21 诱入器
1. 全框诱入器 2. 安全诱入器

影响蜂王产卵,效果很好。用薄纸卷成的小纸筒也可作诱入器用。把蜂王装入纸筒,封上两口,纸筒外涂少许蜜,挂在无王群的两个巢脾之间。

2. 直接诱入 是把蜂王直接放入蜂群。通常在大流蜜期或者即时换王时采用,主要凭个人经验试行,方法各种各样。傍晚向蜂王喷少许蜜水,把它放于无王群巢门前或巢脾的框梁上,让它爬入巢内。也可从无王群提出 2 框蜂抖落在巢前,把蜂王放入蜜蜂中,让蜂王和蜜蜂一道爬进蜂箱。更换蜂王时,把要淘汰蜂王的巢脾提出,将蜂王取走,立刻把换入的蜂王放在该巢脾上,放入蜂群。也可向诱入群中喷酒、蜜水或烟。

另一种方法是准备一只新蜂箱,把需要诱入蜂王群的巢脾逐脾提出,捉去蜂王,除净王台,然后把带蜂巢脾放入新蜂箱,放到原址一旁。原箱留下外侧的边脾和几个空脾,收容返回的蜜蜂。这样,把蜂群的飞翔蜂分离出去,巢内只留下幼蜂,然后直接诱入蜂王。诱入成功后再与原箱的蜜蜂合并。

3. 围王的解救 直接诱入的蜂王和间接诱入的蜂王释放后,如发生盗蜂,或新蜂王交尾返巢误入其他巢时,都有可能被蜜蜂包围、咬杀。从箱外观察,如蜜蜂秩序混乱,则立刻开箱检查,在巢脾或箱底看到有蜂球,就是蜂王被围。可将蜂球放入水中,迫使蜜蜂散去,捉出蜂王察看。如果蜂王没有伤残,用安全诱入器扣在巢脾上重新诱入;否则,将蜂王淘汰,纠正蜂群中存在的问题后,重新诱入蜂王。

4. 蜂王飞逃的处理 直接诱入或者间接诱入释放蜂王时,有时蜂王飞走。当时如果箱盖是打开着的,要保持原样,不久蜂王就会飞回。倘若盖上箱盖,改变了原样,蜂王飞回时,常误入其他群而被咬杀。

(六)巢脾的修造

巢脾的质量是关系养蜂成败的重要条件。蜜蜂自己修造的巢脾,大小不一致,其中杂有较多的雄蜂房,而且消耗蜜蜂体力和蜂蜜,在时间上也不经济。科学养蜂是用人工制造的巢础镶在标准巢框里,让蜜蜂筑造成质量优良的巢脾。市面出售的巢础有普通巢础、深房巢础、雄蜂巢础和中蜂巢础等数种。要选用巢房整齐、熔点高、房壁深的深房巢础。

1. 巢框穿线 在巢框上横穿 4 道 25~26 号细铅丝。过粗的铅丝不易埋入巢房底内,铁丝、钢丝性脆,易生锈,铜丝性软,都不适用。铅丝两端要拉紧,用小钉固定。

2. 用卡子穿线 框线不能松弛。使用木工卡木条划线用的卡子卡在巢框两侧壁,使其向内稍弯,用钳子拉紧框线,两端固定后放松卡子,可使框线绷紧。

3. 镶装巢础的用具

(1)巢础埋线板 是 15 毫米厚的木板,大小比巢框内围小 5 毫米,下面两端横向各钉一条 15 毫米×25 毫米的木条即成。

(2)熔蜡壶 是用镀锌铁皮制的双层壶。内部盛蜡,外壶盛水。加热时,借着水的热力将蜡熔化,既可避免直接加热蜂蜡,又可使蜡液保持熔融状态。

(3)齿轮埋线器 在一根木棒上装着活动齿轮,用来把框线埋入巢础。可把它泡在热水里烫热后使用。

4. 镶装巢础 把巢础从巢框的中间插入,使巢础的上部和下部各有两道铅丝,将巢础的上边插入上框梁的沟槽内,一手拿着下框梁约成 30°角倾斜,一手持熔蜡壶,壶嘴对着框槽使熔蜡慢慢流下。蜡液凝固,就把巢础牢固地粘在槽内。在巢础埋线板上铺一张纸,把装上巢础的巢框平放在巢础埋线板上,用齿轮埋线器把巢础上面的两道铅丝分别压入巢础内。再把巢框翻转,压入另两道铅丝。如有未压入巢础内的地方,再用齿轮埋线器滚过,或者用清洁毛笔蘸熔蜡涂上。巢础一定要安装平整、牢固。

5. 用电热埋线 用6～12伏低电压电通过铅丝所产生的热量将铅丝埋入巢础的效果好。将一个0.3安培的变压器固定在一块木板上,把两条110伏进线分别用绝缘胶布黏封不用,插销线连在220伏的进线端。出线电压有4组:5伏、6.3伏和12.6伏的3组分别接在接线柱上,350伏高压的1组2条线分别用绝缘胶布黏封不用。

用电热埋线镶巢础时,把4道铅丝安排在一面,镶上巢础的巢框平放在巢础埋线板上,使巢础在下、铅丝在上,用6.3伏或12.6伏的导线分别连在框线的两端,接通电源只需4～7秒钟,铅丝的热量就能熔化蜂蜡,铅丝即自动埋入蜡内。

变压器进线端是220伏电压,有危险,不可用手摸;出线端350伏高压也有危险,要注意用绝缘胶布包好。

6. 修造巢脾 在人工繁殖或自然繁殖蜂群时,利用分蜂群的积极性,在新分群内加入巢础框,能造成极规则的工蜂房巢脾。从春末到秋初,外界有蜜源时都可以造脾。在春末气候稳定、平均气温在15℃左右、有蜜源时,巢脾上发现有白色新蜡,就可以开始造脾。巢础上喷上蜜汁,撒上一些蜡屑(用窄长钢片或者钢丝刷从蜂蜡上刮下来的碎蜡渣),把巢础框加在蜂巢的外侧蜜脾和幼虫脾之间,夜间饲喂糖浆,可以加速造脾。强群在开始造脾时,最初的1～2张,可能有一些雄蜂房,以后就能造成全面工蜂房的巢脾了。一般每次加1个巢础框,造好1框再加1框;强群一次可加2框。为了充分发挥强群造脾快的优势,可先把巢础框加到中小群,经过1～2天全部巢房已经加高2～3毫米时,再提出来交给强群完成。

7. 巢脾的保管 从蜂群提出不使用的巢脾容易被巢虫咬毁或招引盗蜂和鼠害,一定要保管好。蜜蜂活动季节,可将不使用的巢脾集中,放在继箱内,加在强群上,让蜜蜂保管,1群蜂可以护理4～5层继箱巢脾。秋季越冬前,把从蜂群撤出的多余巢脾,经过清理、分类,妥善地贮藏在严密、干燥、清洁、没有鼠害和药物污染的地方。把巢框上的蜂胶、蜂蜡等物刮除干净,剔除3年以上的老巢脾和雄蜂房多的质量不好的巢脾;把蜜脾、半蜜脾、花粉脾和空脾分别装在继箱内,用药物熏蒸后保存。熏蒸方法如下。

(1)二硫化碳熏蒸 在蜂箱上摞上4～5层继箱巢脾,每箱放9个脾,把各箱的箱缝糊严。按每箱10毫升的用量,将二硫化碳滴在滤纸上,放置框梁上,盖上箱盖,糊严即可。二硫化碳在常温下易挥发、易燃,有毒,使用时要注意。

(2)冰乙酸熏蒸 98%冰乙酸对蜡螟的卵、虫有高度杀伤力,也可杀死孢子虫孢子和阿米巴病病原。用量每个箱体20毫升,用法同上。

(3)硫黄熏蒸 下面放一个有窗口的空蜂箱,上面摞上4～5层装着巢脾的继箱,盖上箱盖,各处缝隙糊严。从窗口放入一铁片或瓦片,上放几块燃着的木炭,再撒上硫黄粉。每箱脾用硫黄粉5克。硫黄燃烧产生的二氧化硫不能杀死蜡螟的卵和蛹,所以要隔12～15天熏蒸1次,连熏3次。

(4)磷化铝 民用磷化铝是防治粮食害虫的熏蒸剂,含量为65%或56%,有丸剂和粉剂两种,都可用来熏蒸巢脾,防治巢虫。一垛4～5个箱体,每箱体8个巢脾使用1粒,磷化铝丸用布包裹放在箱体上面。箱体密闭熏蒸10天,连续3次即可长期保存。整个箱体套装在折成双层的桶状塑料薄膜里,密封效果好。使用巢脾前,通风1天。磷化铝有毒,不可与巢脾接触,注意保管,严禁儿童接触。

此外,北方冬季最低气温可达-10℃的地方,把巢脾继箱糊严,放在室外冷冻贮藏,效果良好。春季,气温升高时要注意检查。

（七）盗蜂的防止

搜寻和采集蜜、粉是蜜蜂的本能。所谓盗蜂是指那些窜入其他群盗取蜂蜜的蜜蜂；从仓库盗取蜂蜜、食糖的蜜蜂也称为盗蜂。早春蜂群开始活动的时候，集中成排越冬的蜂群容易偏集，造成蜂群强弱不一。越冬死亡的蜂群如果不把巢门堵严，而且当时还没有蜜源，容易发生盗蜂。夏季缺乏蜜源时期，如果没有及时处理弱群、病群，没有缩小它们的巢门，蜂箱有缝隙，时常会发生盗蜂。秋季主要蜜源刚结束时、越冬期以前，以及南方梅雨季节和夏、秋季蜜源枯竭时期，容易发生盗蜂。

1. 发生盗蜂的原因　蜂场有弱群，强群和弱群混放或有患病群；蜂群的贮蜜普遍不足；在饲喂时把糖浆洒落在场地，没有及时清理干净；仓库的门窗不严可使蜜蜂钻入；不使用的巢脾装在蜂箱内，没有堵严洞隙，随便放在蜂场上；不同种的蜜蜂在同一蜂场饲养。

2. 盗蜂危害　在蜜蜂活动季节、蜜源缺乏时期，时常有蜜蜂侵入他群巢内，抢夺存蜜。少数盗蜂侵入被盗群，饱食蜂蜜返回原巢，以舞蹈报告同群的蜜蜂，共同前往盗取。被盗群起初必然反抗，互相刺咬，但是被盗群多为弱群、病群、无王群，卫巢力弱，其蜂王常被盗蜂螫杀，贮蜜被盗净。盗蜂一旦得手，往往扩大盗取其他相邻蜂群；其他蜂群也共同来盗，全场蜂群混战，弄得不可收拾。被盗群门前死蜂狼藉，不但蜂群削弱，蜂王被杀，贮蜜被盗，而且盗蜂还是传染病的传播者。

3. 预防措施　对于盗蜂要提高警惕，注意防范，主要措施有以下几点。

第一，新分群、弱群分散放在蜂场外围。巢门大小与群势相适应；蜜源缺乏时，缩小巢门。

第二，蜂箱力求完整，平时修补好缝隙，不使盗蜂有缝可钻。

第三,在蜜源缺乏时,尽量不做全面检查。必须检查时,在早晚蜜蜂活动少时进行,不把巢脾放在箱外。可将提出的巢脾临时放在备用蜂箱内,关上巢门,盖上盖布或副盖。亦可在架设的蚊帐内检查蜂群。

第四,无王群要及时诱入蜂王或王台,或合并到有王群中。

第五,发现病群,应立刻隔离治疗。

第六,饲喂在傍晚蜜蜂停止飞行后进行。注意不把蜜汁洒落在巢外。如有洒落的蜜汁,立刻用水冲洗或用土掩埋。补助饲喂时,先喂强群,用强群的蜜脾补助弱群。

第七,中蜂和欧洲蜜蜂分场饲养。在容易发生盗蜂的时期,中蜂采用直径 4 毫米的圆孔巢门。

4. 制止方法　盗蜂一旦发生,应立刻加以制止,不使其蔓延扩大。

第一,个别蜂群发生盗蜂时,立刻将其巢门缩小到只容 1 只蜜蜂出入,巢门前可放一些草,或在巢门前涂一些煤油、樟脑油等驱避剂。

还可以将被盗群的巢门完全大开,用 25~30 毫米宽、长度比巢门略长的一条铅丝纱,钉在巢门前面,巢门的一头只留出能容 1~2 只蜜蜂出入的空隙,并将这边的铅丝纱折起。盗蜂只能在铅丝纱前徘徊,无法进入,不久就会自动散去。

第二,在被盗群的巢门安装一根内径 6~10 毫米、长 20~30 毫米的竹管,周围空隙用泥堵上,或安装市售的塑料盗蜂预防器,它是由一个有孔的走廊(供蜜蜂出入)和两侧两个里端不通的假巢门组成。盗蜂只能从假巢门和走廊的孔洞闻到蜜味,但无法进入。

第三,个别蜂群被盗时,傍晚把其蜂脾全部放入一只继箱内,其巢箱放 2~3 个少蜜脾,巢箱和继箱之间用铁纱盖隔开,继箱上盖铁纱盖,再盖箱盖,巢箱的巢门装上长 10 厘米的竹管,外口与巢门齐平。翌日,盗蜂飞来,钻入箱内不能复出,经 1～2 小时把它搬入暗室幽闭 2～3 天,再放回原处,恢复原状,把盗蜂放走。

第四,如果全场发生严重盗蜂,要尽早把蜂场转移到有蜜源的地方。

(八)蜂群的饲喂

蜂蜜和花粉是蜜蜂的天然饲料。为维持生活和哺育 15 万～20 万只蜂子,1 群蜂 1 年需消耗花粉 15～20 千克、蜂蜜 80～150 千克(含越冬饲料 25～50 千克)。这些饲料蜜蜂能够采集、贮备,而且还有盈余。人们为了加快蜂群发展,快速繁殖蜂群,多生产蜂王浆,以及在歉收年补足蜂群饲料,需要对蜂群进行饲喂。

1. 饲喂蜜或糖 给蜂群饲喂蜜或糖可分为补助饲喂和奖励饲喂两种。

(1)补助饲喂 其原因主要是:早春,越冬蜂群的贮蜜消耗完了;长期阴雨蜜蜂不能出巢采集,或者蜜源缺乏,蜜蜂采集的蜜、粉不够它们自身的消耗;蜂群越冬饲料不足;给新分群补充饲料。在以上情况下,需使用框式饲喂器或箱顶饲喂器,可在较短时间内进行大量饲喂。

(2)奖励饲喂 其目的是:春季,为了刺激蜂王产卵,加速蜂群发展壮大;大流蜜期以前,促进蜂王产卵,为主要蜜源培养适龄采集蜂。秋季,为了培养大量的越冬蜂。奖励饲喂每次的饲喂量少,延续的时间长,通常采用瓶式饲喂器或输液式饲喂器饲喂。

饲料可分为浓稠饲料、稀薄饲料、蜜粉混合饲料和干糖。

①浓稠饲料 补助饲喂采用浓稠饲料。即 4 份蜜兑 1 份开水,搅拌使其溶化;白砂糖 2 份加水 1 份,文火化开;在糖浆中加酒石酸 0.1%,煮沸后立刻撤火,可促使蔗糖分解转化。酒石酸在化工原料或化学试剂商店有售。

②稀薄饲料 1 份蜜兑 1 份水或者 1 份糖加 2 份水,搅拌化

开,用来进行奖励饲喂。

③蜜粉混合饲料 用 10 份蜜溶解在 10 份开水中,晾温后混合 1 份花粉。生产蜂王浆时,饲喂蜜粉混合饲料,可刺激蜜蜂分泌蜂王浆;造脾时,饲喂这种饲料可增加蜂蜡的分泌,加速造脾。

④干糖 即白糖。在蜜蜂活动季节,可饲喂干糖。在木制副盖中央开 1 个直径 20 毫米的圆洞,将白糖放在副盖上,置于蜂巢上,蜜蜂即可采食。要注意盖严箱盖。

2. 饲喂花粉 花粉是蜜蜂的蛋白质饲料,在缺乏花粉时要补喂。

(1)花粉脾 在粉源丰富时,可从蜂群提出花粉脾,集中起来放在继箱内,加在少数蜂群上,让蜜蜂保管,以备急需。

(2)花粉糖饼 4 千克花粉加 7.5 千克左右的浓糖浆,混合均匀,制成软硬适宜的糖饼。饲喂时,把它摊在蜂巢的框梁上,上盖一张蜡纸或者塑料薄膜。每群每次喂 100～300 克,以蜂群能在 7～10 天内取食完为度。

3. 饲喂花粉代用品 脱脂大豆粉、酵母粉、奶粉、豆浆等都含有丰富的蛋白质,可作为花粉代用品。

(1)脱脂大豆粉 干花粉 1 千克加温水 1 升,泡 12 小时,使花粉团散开,加脱脂大豆粉(榨过油的新鲜豆饼磨成细粉,自制可用炒熟的大豆磨成细粉代替)3 千克,与 6.5 千克浓糖浆混合,制成糖饼。喂法同上。

(2)酵母粉 干酵母 1 千克加温水 1 升,泡 1 小时,兑入 10 千克稀糖浆中,煮沸,放温后饲喂。每群每次饲喂 300 克左右,以在 2 天内食完为准。也可用食母生(药片研碎)代替。

4. 饲喂水 水是维持蜜蜂生命活动不可缺少的物质,蜜蜂还要用水调节蜂巢的温、湿度。有蜜源时,蜜蜂可从花蜜得到水分。早春和夏季干旱时期,蜂群每天有数百只蜂专职采水。在巢内或巢门喂水,可减轻蜜蜂劳动和伤亡。新疆地区干旱,蜂群越冬期也要从巢门喂水。

在蜂场设置饮水器或有浮板的水盆，也可用瓶式饲喂器在巢门喂水或用框式饲喂器在巢内喂水。

5. 饲喂食盐　蜜蜂的生命活动也需要少量的无机盐。在喂水时，水中应加 0.1% 左右的食盐。若盐的浓度高则对蜜蜂有害。

(九) 蜂群的移动

蜜蜂有识别本群蜂巢位置的能力，它们飞出多远都能返回自己的蜂巢。如果在距离蜂场周围半径 5 000 米以内移动蜂群的位置，在一段时间内许多飞翔蜂还会飞回原来放蜂箱的地点。因此，在短距离移动蜂群时，要采取措施，使蜜蜂能很快地识别移动后的新位置。

在蜂场短距离移动个别蜂群，可采取逐步移动的方法，于傍晚蜜蜂停止飞翔后进行。向前后移动，每次可将蜂群移动 1 米左右；向左右移动，每次不超过 30 厘米。用青草把移动群的巢门松松堵上，蜜蜂出巢时要费力钻出，这样它们会重新进行认巢飞行，可以大量减少返回原址的蜜蜂。

全场或大部分蜂群转移时，最好迁到 5 000 米以外的地方。如果迁移的地址较近，可在原址留下几个弱群，收容返回的蜜蜂，过几天再将它们搬迁。也可以在原场放几个空蜂箱，内放几个空巢脾，1～2 天后的傍晚，把收集的蜜蜂搬到新址，合并到其他蜂群。

初冬蜜蜂停止巢外活动或冬末蜂群刚恢复活动时，可以直接进行近距离搬迁。

(十) 巢脾的增减

巢脾是由数千个巢房构成的，它们是蜜蜂幼体发育，蜜蜂生活、栖息及贮存饲料的场所。在不同时期要按照蜂群群势、气候及蜜粉源条件,适当增减巢脾的数量,以利于蜂群生活、发展和生产的需要。

1. 蜂脾的标准　1个标准巢脾两面爬满蜜蜂,互相间没有空隙,看不见巢房,也没有蜜蜂重叠,大约有2 500只(蜜蜂重约250克)称为1框蜂。"1足框蜂"大约有3 000多只蜜蜂。蜂多于脾是指1个巢脾上的蜜蜂大约有3 200只或更多一些,蜜蜂在巢脾上有重叠。蜂略多于脾相当于1足框蜂。蜂脾相称,就是1个巢脾上的蜂量与1框蜂蜂数相同,约有2 500只。

2. 巢脾的调整　一般做法是在春季气温较低蜂群开始繁殖时期,使蜂多于脾,紧脾饲养,每脾保持3 000只以上蜜蜂。在蜜蜂更新以后,随着添加巢脾,逐渐做到蜂脾相称。生产蜂王浆可以抑制蜂群分蜂,可采取蜂略多于脾或蜂脾相称。在大流蜜期以前,对准备分蜂的蜂群,可以一次添加较多的巢脾或巢础框,使脾多于蜂,控制分蜂的发生。在大流蜜期,继箱的贮蜜脾只放7～9个,使蜂路加宽至12～15毫米。一般时期,蜂路保持在10～12毫米;蜂群越冬期蜂路保持在12毫米,也可将蜂路适当放宽至14～15毫米,使蜜蜂结团较集中。

六、自然分蜂及分蜂控制技术

自然分蜂是蜜蜂群体繁衍的本能,简称分蜂。它是营群体生活的蜜蜂一种特殊的繁殖方式。蜂王产卵、工蜂哺育,使蜜蜂的数量增加,能使群体生长,但是只有群体的分裂才能实现蜂群的繁殖。蜂群在分蜂的时候,首先培育一些雄蜂,然后筑造王台,培育新蜂王。在王台封盖后、新蜂王快羽化时,一部分蜜蜂簇拥着老蜂王飞离蜂巢,把旧巢留给新蜂王和剩余的蜜蜂。这样,使蜂群的数量增加,用来补偿由于饥饿、病害、敌害及其他原因损失的蜂群,保证它们的种族繁衍生存。自然分蜂通常发生在春、夏季有蜜源、蜂强子多的时期。南方秋季也有部分蜂群发生自然分蜂。不同蜂种的分蜂性有强有弱。同一蜂种的不同蜂群,分蜂性也有差异。也就是说,在分蜂多发季节,只有部分蜂群发生自然分蜂,有的蜂群只出现分蜂倾向,但并未分蜂。

(一)引起分蜂的原因

蜂群分蜂的原因非常复杂。蜂群筑造分蜂王台、蜂王在王台中产卵是蜂群发生分蜂热(准备分蜂)的具体表现。促成分蜂的因素主要有以下几种。

1. 蜂群状况　蜂群强壮、青幼年蜂多是分蜂的前提条件。当年哺育的新蜂更替了越冬蜂以后,蜂群群势迅速壮大,青幼年蜂增多,蜂群哺育力提高,它们以丰富的蜂王浆饲喂蜂王,促使蜂王大量产卵,但是蜂王的产卵量达到一定程度就无法继续提高;哺育蜂分泌的蜂王浆如果得不到充分利用,由于营养的积累,部分工蜂的卵巢可能发育,形成尚未产卵的解剖学上的产卵工蜂,使它们骚动不安;如果没有可供造脾的地方,它们就没有分泌蜂蜡筑造巢脾的机会;如果流蜜量不大,许多采集蜂也滞留巢内,结果大量蜜蜂无事可做,造成巢内拥挤,同时也使蜂王信息素的传播延缓。分蜂大多发生于有 2 年龄左右蜂王的蜂群,因为它有一定的产卵力,分蜂后能够保证蜂群生存。

2. 蜂巢情况　巢内缺少供蜂王产卵的巢脾,限制了蜂王的产卵和哺育蜂的哺育;蜂巢窄小,不能造脾扩大蜂巢,缺乏蜜蜂栖息的地方,造成蜂巢拥挤,使巢内空气流通不畅,巢温升高;在大流蜜期,如果没有存放花蜜的地方,蜜蜂也要怠工,酝酿分蜂。

3. 外界条件　春末气温逐渐上升,温度的变化可唤起蜂群分裂的生殖本能;不大的流蜜可以促进蜂群的发展,使蜂群提前发生分蜂热。通常分蜂发生于温暖、闷热、无风的天气,有不大的蜜源时期;没有蜜源或连日阴雨使蜜源中断、采集蜂拥挤在巢内,也可能促成分蜂。

（二）自然分蜂

蜂群在实行自然分蜂以前有一个准备时期，这个准备阶段叫作分蜂热。具体表现是：蜜蜂在巢脾边缘造数个王台基，迫使蜂王在其中产卵。蜂王于不同时间在王台内产卵以后，蜜蜂就减少饲喂蜂王，使蜂王的产卵量迅速下降，经 1 周左右，蜂王完全停止产卵。蜂王产卵量的突然变化，使蜂群的哺育工作大量减少，无事可做的蜜蜂越来越多，往往聚集在巢门前形成"蜂胡子"。蜂王的卵巢缩小，体重减轻，以便随着分出群飞走。

在分蜂出发前，每只要飞离的蜜蜂都吸饱蜂蜜，作为途中饲料及在新巢建筑巢脾之用。

（三）分蜂控制技术

1. 控制分蜂的措施　蜂群在为大流蜜期培育适龄采集蜂时期（主要蜜源流蜜期开始前的 45 天到结束前的 30 天）以及在大流蜜期发生自然分蜂会使群势减弱，没有力量采集和贮藏剩余的蜂蜜，这就会严重影响蜂蜜产量。只有在大流蜜期开始前的 20 天以内发生自然分蜂，才不会减少蜂群的采蜜量，但是分蜂群有飞逃的危险，收捕分蜂群也很麻烦。所以，在发现蜂群筑造王台时，就应采取控制措施。

（1）选育分蜂性弱的蜂群　挑选不爱分蜂、能维持强群的蜂群作种群，人工培育蜂王。使用 1 年龄的产卵力强的蜂王，随时淘汰衰老的、产卵力弱的蜂王。

（2）加强管理　着重提高蜂王的产卵量和增加蜜蜂的工作量。在蜂群进入发展时期，用优质巢脾扩大蜂巢；蜂群发展至 10 框蜂、7～8 框子脾时，及时加上继箱扩大蜂巢，充分发挥蜂王的产卵性能。在有蜜粉源时，进行造脾和生产蜂王浆。在分蜂季节，每7～9天检查1次蜂群,割除王台。

（3）以强带弱,平衡群势 用产生分蜂热蜂群的封盖子脾抖去蜜蜂,与新分群或者弱群的不带蜂的未封盖子脾交换,加重蜜蜂的哺育工作。在大流蜜期个别蜂群发生分蜂热时,先除去其中王台,再与弱群对调蜂箱位置,让采集蜂飞入弱群,同时给弱群适当补加巢脾。

（4）进行人工分蜂 当蜂群达到10框蜂、7～8框子脾时,可以每隔6～7天从每群提出1框带蜂封盖子脾组成3～5框的人工分群(诱入蜂王或王台)。距大流蜜期15天时停止抽脾分群。

（5）分隔蜂巢 先将蜂群中的王台割净,在巢箱中央只留下蜂王和1个未封盖子脾,两侧补满空巢脾和巢础框,其上加一隔王板和一装满空脾的继箱,再加上原来的继箱和其他子脾。由于蜂巢被空脾继箱分隔成两部分,不但能刺激蜜蜂积极造脾,使分蜂热受到抑制,而且由于蜂巢的扩大,也为蜂群的发展创造了条件。

（6）分隔蜂巢组成双王群 分隔方法与上法相似。先将蜂群中的王台割净,在巢箱中央留下蜂王和未封盖子脾,两侧用巢础框和2个蜜粉脾补满;其上加一个隔王板和1个装满空脾的继箱,再加一块双层铁纱隔板,后面的框边开一小巢门,加上原来的继箱和其他子脾、蜜脾,诱入1个成熟王台或新蜂王,组成双王群。到主要采蜜期前,可将上下合并成单王采蜜群。也可将上面的蜂群搬下来,换入一只新蜂箱,作为分群。

2. 自然分蜂群的利用 对于发生分蜂热的蜂群,可首先采取提出封盖子脾的方法来推迟其分蜂,使它们在大流蜜期前15天以内进行分蜂。可把收捕回来的2～4个自然分蜂群混合组成1个自然分蜂的采蜜群。有装满2个箱体5万～6万只蜂的混合分群能采集大量的蜂蜜。注意只给它选留1只蜂王。

大流蜜期间的自然分蜂群的利用方法是:在傍晚把自然分蜂

群过入新蜂箱,放在原群的位置。翌日,由于原群采集蜂的加强,能较好地利用蜜源。在原群选留 1 只最好的王台,其余的割除。数日后,蜜蜂采集恢复正常时,可以把原群与分群合并。

3. 分蜂团的收捕 通常,分蜂的蜜蜂首先在蜂场附近的树上或建筑物上结团,这时要抓紧收捕,时间长了分蜂群就会飞走。准备 1 个蜂箱,内放 1 个未封盖子脾和几个空脾,放于分蜂团的下方。如蜂团结在小树枝上,则轻轻锯断树枝,再将蜂团抖入蜂箱。如蜂团结在高处,则把喷上一些蜜汁的巢脾或笠状捕蜂笼放到蜂团下方招引,待收到蜂王后,放入空蜂箱,其他蜜蜂就会自动入巢。

(四)人工分蜂

人工分蜂又称人工分群。它是增加蜂群数量,扩大生产的基本方法,即用培育的产卵蜂王、成熟王台或者贮备蜂王以及一部分带蜂子脾和蜜脾组成新蜂群。人工分蜂能按计划,在最适宜的时期繁殖新蜂群。个别蜂群发生分蜂热时,可以及时采取人工分蜂的方法把蜂群分开,能够制止蜂群发生自然分蜂,避免收捕的麻烦和分蜂群飞逃的损失。

如果不考虑蜂场的设备条件、当时当地的蜜源情况,无计划地进行人工分蜂,必然造成全场蜂群都成为弱群,没有生产能力,这是应该避免的。

1. 均等分蜂 距离当地主要蜜源植物流蜜期在 45 天以上,可以采用这种方法,把 1 群蜂平均分为 2 群,2 群都能在大流蜜期到来时发展强壮。其做法是:把原群蜂箱向一旁移出 30～40 厘米,另在对面 30～40 厘米处放一空蜂箱,把蜂群里的一半蜜蜂和巢脾连同蜂王放入空箱内,整理好 2 箱的蜂巢。经过 12 小时左右,给无王群诱入 1 只产卵王。飞翔蜂返巢时,就分别飞入这两箱内。如果其中 1 箱飞入的蜜蜂较少,可将它向原址移近些。均等分蜂的缺点是使1个强群突然变成2个弱群,它们需要经过1个多月的繁殖才能投入生产。对于分出的新群不宜诱入王台,因为新蜂王要经过10余天才能产卵,这样就不能充分利用新分群的哺育力,影响蜂群的发展。如果新蜂王婚飞时丢失,则损失更大。

2. 不均等分蜂 是从1群蜜蜂中分出一部分蜜蜂和子脾,分成一强一弱2群。此法适用于发生分蜂热的蜂群。可从发生分蜂热的蜂群提出2~3框封盖子脾、1框蜜粉脾,连同老蜂王,放入一新蜂箱。放置在离原群较远的地方。巢门用青草松松堵上,让蜜蜂慢慢咬开。检查原群,选留1个质量好的王台,其余王台全部割除,或诱入人工培育的王台或产卵王。如果离大流蜜期时间较长,可用封盖子脾把分出群逐步补强;否则,以后可将分群与原群合并。

3. 混合分蜂 是从几个蜂群中各提出1~2框带幼蜂的封盖子脾,根据情况混合组成3~6框的分蜂群。翌日,给分蜂群诱入产卵蜂王或成熟王台。亦可在春末夏初,当蜂群发展到10框蜂、6~8框子脾时,每隔6~7天从这样的蜂群提出1框带蜂封盖子脾,混合组成新分群。距大流蜜期15天左右,停止从10框群提出子脾,以便它们在大流蜜期开始时,能发展至15~18框蜂的强群。

4. 补强交尾群 交尾群的新蜂王产卵以后,可以每隔1周用从强群提出的封盖子脾补1框,起初补带幼蜂的,以后补不带蜂的封盖子脾,逐步把它补成有6框蜂以上能独立迅速发展的蜂群。

5. 分蜂群的管理 新分群的群势一般都比较弱,它们调节巢温、哺育蜂子、采集蜜粉和保卫蜂巢的能力比较差。因此,天冷时要注意保温,天热时要遮阳;缺乏蜜源时,巢内要保持充足的饲料,并且缩小巢门,注意防止盗蜂。根据蜂群的发展和蜜源条件,添加巢脾或巢础框扩大蜂巢，补加蜜粉脾或者进行奖励饲喂。

实行大量人工分蜂，最好在距离原场 5 千米以外的地方建立分场，可以避免分出群的蜜蜂飞返原巢和发生盗蜂。

七、蜂群的周年管理技术

蜂群的周年管理是指在一年中蜂群各发展时期的管理技术。根据季节的自然条件和蜂群的发展阶段，应抓住主要问题，采取适当的管理措施，促进蜂群发展，经常保持强大的群势，及时投入生产。

（一）强群优势

强群哺育的幼虫多，培育的蜜蜂体格健壮、寿命长，在大流蜜期采集的蜂蜜可以成倍增加。因此，在蜂群强盛时期，使生产群保持 18～30 框蜂，才能获得蜂产品的高产稳产。但是，在 0.5～6 千克蜜蜂（2.5～30 框蜂）的蜂群，按每单位蜜蜂（1 000 克蜜蜂）计算，蜂群群势越强，哺育的幼虫越少。因此，为了在蜂群发展时期大量培育健康的蜜蜂，以采用 6～10 框蜂的蜂群进行繁殖较好。

（二）增殖时期的管理

蜂群的增殖期是指从早春蜜蜂开始排泄飞行起到第一个主要蜜源流蜜期开始的这段时间。各个地区蜂群的增殖期长短不同，要根据情况采取相应的管理措施，以实现蜂产品的丰收。

1. 增殖期短的地区　主要蜜源在春季开花流蜜的地区，蜂群的增殖期只有 45～60 天，要使蜂群在第一个大流蜜期到来以前达到 15 框以上的群势，必须做到强群越冬。冬季贮备一些产卵蜂王，春季补充失王群，或进行人工分蜂，或组织一部分双王群越冬，以便在翌年春季加速蜂群的发展。

2. 增殖期中等的地区　主要蜜源在夏季开花流蜜的地区,蜂群的增殖期为 80～90 天。越冬群势可保持在中等以上,春季当蜂群发展至 10 框蜂、8 框子脾时,可以组织一部分分蜂群。新分群的蜂王产卵后,用原群带蜂或不带蜂封盖子脾补充 2～3 次,使新分群到大流蜜期时能够投入生产。

3. 增殖期长的地区　主要蜜源在秋季,增殖期长达 120 天以上(如新疆维吾尔自治区的北疆主要蜜源是 8～9 月份的棉花),当蜂群发展至 10 框群势时,开始分期分批地组织混合分蜂群。1个越冬原群,到秋季主要蜜源来临时,可以繁殖成 4～5 群生产群,重点采集晚期主要蜜源,同时利用辅助蜜源进行蜂王浆、蜂花粉、蜂蜡等各项生产;或实行短途转地饲养,争取多采集 1～2 种主要蜜源。

(三)恢复发展时期的管理

在蜂群春季恢复发展时期,管理工作的主要任务是加速蜂群复壮,提早进入强盛时期。这个时期的主要管理工作是检查蜂群、调整群势、密集保温、奖励饲喂等。

1. 检查蜂群　早春气温上升至 5℃ 以上、阳光照到巢门时,蜜蜂就会飞出进行排泄飞行。这时注意观察蜜蜂飞行的情况,记录没有或很少有蜜蜂飞出的蜂群,对它们实行快速检查,查明问题,及时纠正。把死亡蜂群的巢门堵严,待蜜蜂停止飞行后撤走,清理。快速检查主要应查明:蜜蜂的大概数量,分强、中、弱 3 等记录;饲料的多少,分多、够、缺 3 种情况;有无蜂王及巢内是否有潮湿、下痢等迹象。随手可以处理的问题,如空脾多的当时提出,缺蜜的补给蜜脾;需要较长时间处理的问题先记下,留待以后处理,以免影响了解其他蜂群。

春季气候多变,要抓住晴暖无风天气,气温在 14℃ 以上时进行全面检查。检查时,准备一箱蜜脾和几个空蜂箱或空继箱,以便把抽出的巢脾装入箱内,盖严;给缺蜜群补加蜜脾。详细记录蜂群的全面情况。清扫箱底,把死蜂、蜡屑、污物收集起来,集中焚烧。

2. 防治蜂螨　瓦螨(大蜂螨)可寄生在蜂体上越冬。春季蜂群有幼虫时,它们就潜入大幼虫房内产卵繁殖,危害蜜蜂。蜂王产卵后,第九天就会有封盖子脾,所以必须在幼虫封盖前抓紧治螨。用杀螨剂连续防治2~3次,隔2天1次。如有未经治螨处理的封盖子脾,应当提出,割去封盖处理。

3. 调整群势　蜂群越冬以后,往往形成强弱不均的情况。如果全场蜂群群势都在5框蜂以上,可待到1个月蜜蜂更新以后再调整。如平均群势是5框蜂,但强弱相差悬殊,就需要调整。方法是:下午蜜蜂停止飞行时,从蜂多的群中提出带蜂巢脾,轻轻放入弱群的隔板外。注意不要把蜂王提出。翌日,在蜜蜂活动前把此脾移到隔板内。2框蜂的弱群也可以组成平箱双王群。

4. 缩小蜂巢　蜂王产卵、蜜蜂育虫以后,蜜蜂就将育虫区的温度保持在 32℃~35℃。若蜂巢内外的温差加大,巢温容易丧失。长江中下游地区春季多寒潮和连续阴雨天气,那里的养蜂场通常给5框蜂的蜂群留2个脾,使蜜蜂高度密集。在2个巢脾都产满卵以后,再陆续加脾扩大蜂巢。

黄河以北的干旱地区,采取蜂王产卵的暖区和贮藏饲料的冷区布置蜂巢的方法效果好。做法如下:用隔板将5框群的5个脾隔成3框的蜂王产卵区和2框的饲料区,两外侧再用2块隔板与箱内空间隔离开。隔板外空间,视情况可加保温物,亦可不加。天冷时,蜜蜂集中在3框的暖区;天热时,老蜂自动疏散到放置2个蜜脾的冷区。

5. 密集保温　地面放置20~30厘米厚的干草,把蜂箱放在干草上。箱内根据情况加或不加保温物。箱顶副盖上盖小草帘,外盖箱盖。蜂箱后壁和两侧壁用草帘包裹。江南多阴雨地区,可用暗色塑料薄膜盖在箱上。箱后的薄膜一端用蜂箱压住,前端搭在箱前与巢门相距几厘米处,保持蜂箱空气流通。白天将薄膜掀起,便于蜜蜂飞翔。

6. 奖励饲喂　调整蜂群的当天傍晚即可用稀糖浆进行奖励饲喂。在调整蜂群时,使蜂群有贮蜜 2～3 千克,不足时补加蜜脾。在巢内有一定贮蜜的条件下,奖励饲喂才能刺激蜂王产卵。每日每群饲喂糖浆 100～200 克。有蜜源时少喂或停喂。

7. 饲喂水　早春气温低,寒潮期间蜜蜂无法出巢采集,在巢门或巢内饲喂水的效果好。可用瓶子装水放在巢门前,用脱脂棉把水引入巢内。

8. 饲喂花粉　哺育 1000 只蜜蜂需要消耗 100 多克花粉。在当地最早的粉源植物开花以前的 20～30 天,开始喂花粉糖饼,可以促使蜂群大量育虫,使蜂群迅速发展壮大。每群每次饲喂花粉糖饼 300～500 克,摊在蜂巢上部的框梁上,上盖一层塑料薄膜或蜡纸。隔 5～7 天饲喂 1 次,连续饲喂到有天然花粉为止。没有天然花粉,可饲喂花粉代用品。

9. 扩大蜂巢　在缩小蜂巢后约 15 天,就有 2～3 框子脾,子脾面积达七八成时,就可以加 1 个适于蜂王产卵的巢脾。如果有的子脾面积小,而且偏于巢脾的一端,宜先把它调头,使产卵圈扩展到整个巢脾。初期加脾,加在蜂巢外侧。待天气转暖,蜂数增多时,把巢脾加在蜂巢内的第二、第三位。以后每隔 5～6 天加 1个脾,再后隔 3～4 天加 1 个脾,加到 8～9 个脾时,停顿一段时间,待蜂群发展到 10 框蜂、8 框子脾时,加继箱或提出封盖子脾,组织人工分蜂群。

个别巢脾上部如果有较多的封盖蜜限制了产卵圈的扩大,需切除蜜盖,并在蜜房上喷一些温水,蜜蜂就会将蜂蜜搬走。在天气好、有蜜源的情况下,可以加巢础框造脾,扩大蜂巢。如果粉源旺盛,巢内有整个花粉脾,可以抽出,集中放于一个继箱内,加在一个强群上让蜜蜂保护。

10. 撤除包装 箱内的保温物随着蜂巢的扩大逐渐撤除。箱外的保温物，待蜂群发展到满箱、气温稳定时撤除。先撤箱上的，后撤周围的，最后撤除箱底的。

11. 低温阴雨期的管理 2月份至3月上旬，长江中下游地区时常发生10余天的连绵阴雨，最高气温常在10℃～13℃，又正处在蜂群恢复时期，老蜂死亡多，新蜂出生少，而且蜜蜂出巢排泄困难，哺育能力下降，如果巢内缺蜜、缺粉、缺水，则幼虫常被抛弃，造成严重损失。这个时期要注意天气预报，在连绵阴雨前给蜂群补加蜜粉脾、加在蜂巢外侧或者隔板外，或饲喂花粉糖饼。坚持每天喂水，使蜜蜂养成在巢门饮水的习惯。

（四）强盛时期的管理

越过冬的蜂群经过新老蜜蜂的交替，蜜蜂数和蜂子数逐渐增长，从缩小蜂巢、给蜂巢保温以后，经过50～60天，蜜蜂增加1倍，由5框蜂发展到10框蜂、6～8框子脾，不久就可以加继箱，进入蜂群的强盛时期。

1. 继箱群的管理 由于种种原因，全场蜂群的发展会不平衡。为了争取早日投入生产，可在这时（或在第一个主要蜜源开始前的15～20天）从较弱的蜂群抽调封盖子脾补给强群，并给一部分强群加上继箱。初加继箱时，巢箱放6～8个脾，继箱放3～5个脾，巢脾向箱内一侧靠拢。如果不在巢箱和继箱间加隔王板，蜂王会爬到继箱内产卵。用空脾或巢础框扩大蜂巢时，把它们加到继箱内。也可以将巢箱内的封盖子脾提到继箱里，把继箱里的未封盖子脾调到巢箱。如果加了隔王板，把蜂王限制在巢箱内产卵，则把空脾加在巢箱内子脾的外侧。在有蜜源时，用巢础框扩大蜂巢，把巢础框加在外侧蜜粉脾和子脾之间，造好后把它移到子脾之间，供蜂王产卵。待蜂群发展至14框以上时，就可开始生产蜂王浆或着手进行人工育王。流蜜期一开始,把继箱加到 8～9个脾,各个巢脾距离加宽至 12～15 毫米,可以收取较多的蜂蜜。

第一个大流蜜期开始前,可从继箱群抽调封盖子脾,补助较弱群加上继箱。分批加继箱可以早投入生产,防止部分强群发生分蜂热,也便于合理安排工作。

2. 双王群的管理 平箱双王群是指在一个 10 框蜂箱内用闸板分隔成左右两区(2 个蜂巢),每区各有 1 只蜂王。饲养双王群的好处是蜂巢的保温较好,蜂群有 2 只蜂王产卵,能够及时培养成强群。蜂群中的幼虫多,在生产蜂王浆时,容易找到适龄幼虫。但是,每隔 3～5 天要检查、调整 1 次蜂巢,管理比较费工。通常可饲养一半左右的双王群。组成双王群的方法有以下几种。

一是当蜂群发展到 10 个脾、有 7 框多蜂时,用闸板把蜂箱分隔成大、小两区。大区放 8 个脾,有蜂王,巢门在箱前;小区 1 个蜜脾,1 个带蜂封盖子脾,再从大区向小区抖落 1～2 框蜜蜂,巢门开在箱侧壁的后方。翌日,小区里的飞翔蜂飞回大区,留下的主要是幼蜂。给小区诱入 1 个成熟王台。小区的蜂王产卵后,用大区不带蜂的封盖子脾补给小区,每次补 1 个,逐渐加强小区的群势,使两区的群势平衡发展到满箱。这时将小区的巢门改在前面,闸板位于蜂箱正中,对着闸板前下端放一块三角形木板把巢门分开,防止蜂王从闸板前下端通过。巢箱内每区各保留 2 框封盖子脾、1 框未封盖子脾和 1 个空脾,加上隔王板和继箱,其余的子脾和蜜粉脾放在继箱里。

二是当蜂群发展到 10 个脾、有 7 框多蜂时,用闸板在中间把蜂箱分隔成相等的两个区,一区有蜂王,给无蜂王的另一区诱入 1只产卵蜂王,组成双王群。要求诱入的蜂王与原来的蜂王产卵力相似。巢门开在中间,同样用三角板将巢门分开。

根据生产要求和蜜源情况,用调整蜂巢的办法来控制双王群蜂王的产卵量。在需要蜂王产卵时,把巢箱产卵区的大面积的子脾提到继箱,将空脾或者继箱里正在出房的封盖子脾加到产卵区。每隔3～5天调整1次,经过连续几次调整,继箱里就充满了子脾。这时双王群的子脾多,幼虫和幼蜂的饲料消耗大,要注意巢内的饲料贮备,缺乏蜜源时,应补加蜜粉脾或者进行饲喂。亦可用双王群的未封盖子脾补助其他蜂群。在不需要蜂王产卵时,则不把产卵区的子脾调到继箱,也不向产卵区加空脾,以限制蜂王产卵。

在炎热季节,强壮的双王群由于蜜蜂和子脾多,巢内通风不畅时,傍晚许多蜜蜂往往在巢门外结成蜂团乘凉。如果蜂王的产卵又受到了限制,有的蜂王会爬出巢门,经过蜂团进入另一巢内,常常造成蜂王伤亡。可在巢门前对着闸板的正前方放一砖块或石块,阻挡蜂王通行。

3. 三箱体双王群的管理 黑龙江省方正县贾连吉、贾志宏父子根据当地蜜源、气候条件,经过不断研究改进形成了"季节性双王三箱体蜂群饲养法",自从1993年以来连续多年获得丰收,成为黑龙江省科学养蜂的先进典型。他们的经验是:提早培育蜂王,改单王原群为双王繁殖,三箱体强群扣王采蜜,单王强群越冬,繁殖期保持蜂多于脾,采蜜期蜂脾相称。饲养管理方法如下。

第一,当地柳树于4月下旬开花流蜜吐粉。存有花粉脾时,在3月下旬紧脾,否则在4月上旬柳树开花前18～20天采用人工花粉脾开始紧脾。单王繁殖群以3足框蜂(有1.2～1.5千克蜜蜂)为标准,从蜂箱提出多余的巢脾,每群留1个大蜜脾放在箱内一侧靠箱壁;其次放一个半蜜脾;外侧放一整框花粉脾,最外侧加隔板。蜂路都缩小至10毫米。紧脾以后3个脾和框梁上都能爬满蜜蜂,隔板外侧有半框蜂,纱盖下面也爬满蜜蜂。连续防治蜂螨2～3次。

第二,把培育雄蜂及培育蜂王的蜂群(约占蜂群总数的4%)

调整成 5 足框蜂（约 2 千克蜜蜂），紧脾时在蜂巢中央加上 1 个雄蜂房巢脾，它的两侧蜂路放宽至 15 毫米；两侧放蜜粉脾各 2 框，蜂路为 10 毫米。群内蜜粉要充足。

第三，4 月下旬柳花盛开，育王群可发展到 8 框蜂。采取平箱育王，用框式隔王板将蜂箱分隔成繁殖区和育王区。蜂王在繁殖区产卵，放 3 个脾；育王区 3 个子脾、1 个育王框、1 个框式饲喂器。用图钉把盖布钉在框式隔王板框梁上，防止蜂王通过。每批培育蜂王 25 个。从移虫之日起，每晚进行奖励饲喂。

第四，5 月 7～10 日，繁殖群发展到 7～8 框蜂、6 个脾，撤出盖布，换上纱盖，上面仍盖上草帘和大盖。这时培育的王台已成熟，开始组织交尾群。

第五，双群交尾箱中央用闸板隔开，巢门都开在前面，用砖块将两个巢门分隔开。从每个繁殖群提出 1 框老子脾，放入交尾箱闸板的一侧，并抖入 2 框蜂。闸板另一侧也同样组织交尾群。盖上盖布、副盖和大盖，搬到预定地点。1 小时后诱入王台。傍晚蜜蜂停止飞翔时，给每个交尾群加 1 个蜜脾，外侧加隔板。特别注意预防发生盗蜂。

第六，10 天后检查交尾群。这时大部分交尾群的新蜂王已经产卵。若有一侧蜂王丧失，采取整群对调法，在这一侧补上新王群。将失王群的巢脾、蜜蜂和隔板提出，另放入一个空交尾箱的一侧，翌日诱入王台。用 15％酒水将失王群箱内剩余蜜蜂喷湿；将一新王群的巢脾、蜜蜂和隔板提出，用 15％酒水喷湿，放入失王群的箱内。

第七，双王群的新蜂王产卵后，从老王繁殖群补给双王群两边蛹脾各 1 框；或者将新王群的 1 框卵虫脾脱去蜜蜂，与老王群的 1 框不带蜂的蛹脾交换，逐渐使新双王群每侧达到 3 框蜂，每箱双王群共 6 框蜂；老王群也平均为 6 框蜂。

第八，组成老王双王群。用两个老王群，各以老蜂王带 3 框蜂组成双王群,箱上加隔王板和继箱,把另一个老王群剩余的 3 框蜂加在继箱里。如此每个双王群都是由 3 个单王群的蜜蜂组成的。

第九,3 天后检查,上下对调子脾。将适合产卵的巢脾调到巢箱,卵虫脾放在继箱。等到下面的双王群隔板外侧各有半框蜂时,开始加脾。两侧同时将大虫脾提到继箱,两侧的卵虫脾推靠中间闸板,外侧各加 1 框空脾。巢箱两侧恒定各有 3 个脾。每隔 3 天如此调整 1 次。第三次调整加脾时间在 6 月中旬。不久可加第三箱体,各箱巢脾数从下到上为 6 框、6 框、3 框。巢箱的 6 个脾仍然放在中央,两侧隔板外各有空间,有利于通风散热;中上箱体的巢脾靠箱内一侧,外侧加隔板,便于管理。

第十,椴树始花前 7～10 天蜜源少,有的年份基本无蜜,要大量饲喂。

第十一,紫椴(俗称小叶椴,比糠椴早开花 1 周)在 6 月底始花时,蜂群发展至 20～23 框蜂、14 个子脾,按蜂量补加空脾,撤下隔王板,同时将 2 只蜂王分别用蜂王笼或扣脾笼关闭 15 天。7 月中旬放出蜂王,加上隔王板,控制蜂王在巢箱产卵。适时取蜜。

第十二,糠椴(俗称大叶椴)流蜜结束前 1～2 天,撤下第三箱体,成为双箱双王群,便于运输转场。撤下第三箱体时,巢箱每侧各加 1 个脾;继箱按蜂数留脾,最多不超过 6 个脾。撤出的巢脾摇净蜜,熏蒸消毒后保存。

第十三,蜂群转到秋季蜜源场地,安排就绪后,每群选留 1 只优良蜂王,提出双王群的中间闸板,合并成单王群。保留少量新王双王群,个别蜂群失王时用来补充蜂王。

第十四,蜂群平均 7 框蜂,单王越冬,留足或喂足越冬饲料蜜。

4. 主副群的管理　主副群是一强群和一弱群互相补助的管理方法。这种方法比饲养双王群需要较多的蜂箱,调脾时要打开 2 个蜂箱,但是发展速度比较快。在早春将一个 5 框蜂以上的强群和一个 2 框蜂左右的弱群并排放在一起。在蜂群新、老蜂交替的恢复时期，按常规管理，即在缩小蜂巢、给蜂巢保温的 1 个月后，进入蜂群发展时期，才开始从弱群提出不带蜂的卵虫脾做上标记，交给强群哺育，同时给弱群补加空脾。这时强群的新蜂增多，有过剩的哺育力；而弱群的蜜蜂少，蜂王的产卵力不能发挥。将弱群的卵虫脾由强群帮助哺育，既可利用强群的哺育力，又可发挥弱群蜂王的产卵力。过 4～5 天再从弱群提 1 框卵虫脾给强群哺育。如此重复 3～5 次。等到由强群代为哺育的幼虫已经封盖，快要羽化出房时(15 天左右)，脱去蜜蜂，将封盖子脾还给弱群。依次把它们再提回原来的蜂群。根据记录或记在框梁上的日期，可以知道蜂子发育的情况。在提回第四、第五个封盖子脾时，原来的弱群就能发展到成为加继箱的强群。

在临近大流蜜期时，为了提高强群的采集力，可以停止将封盖子脾还给副群。在大流蜜期的中期，生产群的采集力量减弱时，可以用副群的封盖子脾补助。在转地前，可将主群的带蜂封盖子脾补给较弱的副群，使主群的蜂数减少，保证运输安全。总之，要根据情况灵活运用。

（五）炎热季节的管理

夏季，北方广大地区白天气温有时短期超过 35℃，但是昼夜温差较大，而且有主要蜜源，只要做好蜂箱通风和遮阳，供给饮水，蜂群就能够正常生产。长江中下游及其以南的亚热带地区，有较长时期白天气温超过 37℃，昼夜温差小、往往只差 1℃～5℃，而且缺乏蜜源(有的地区没有蜜源的时间长达 1 个多月)，蜂王停止产卵，蜜蜂停止育虫，胡蜂、蜻蜓、蟾蜍、鸟类等捕食蜜蜂的敌害特别多，管理不周蜂群就会极度削弱，以至到 10 月份有了蜜粉源蜂群也无法恢复发展。在炎热季节，蜂群生活困难，表面看是高温造成的，最主要的原因是没有蜜粉源。炎热季节的管理要点如下。

1. 更换蜂王　在南方,蜂王一年中产卵的时间比较长,容易衰老,应争取在 4～6 月份把全场的蜂群都更换成当年培育的新蜂王。

2. 调整群势　在有乌桕、芝麻、棉花的地方,生产群要保持在 12～15 框蜂。双王群的每一产卵区放 4 个脾,巢脾间距放宽至 12 毫米,并适当控制蜂王产卵;继箱放 7～8 个脾,蜂路放大至 15 毫米,便于空气流通。在没有蜜源的地方,单王群的群势可保持在 5 框蜂左右。群势过强,饲料消耗大;群势过弱,不利于调节巢温和防御敌害。

3. 留足饲料　在有蜜源的地区,每群要经常保有 2 个蜜脾、1 个花粉脾。在无蜜源的地区,除每群巢内留 2～3 个蜜脾和 1 个花粉脾外,还要为每群预先贮备 2～3 个封盖蜜脾、1～2 框花粉脾,以便随时给饲料不足的蜂群补充。贮备的蜜脾和花粉脾放在继箱里,加在强群上,让蜜蜂保护。

4. 奖励饲喂　在没有蜜源的地方,断绝蜜粉 10 余天,蜂王就要停止产卵。首先抽出空脾缩小蜂巢,5 框蜂留 2 个蜜脾、2 个子脾,适当控制蜂王产卵;进行奖励饲喂,使蜂王不停止产卵,也不多产。缺粉时,补加花粉脾饲喂花粉,使蜂群经常保持 2 框子脾。

5. 架设凉棚　炎热季节,把蜂群放在高大的树荫下。空旷场所要架设高 2～3 米、宽 3 米的凉棚,下面可放置蜂群两排。

6. 巢上饲喂水　在蜂箱上使用铁纱副盖,其上盖一盖布。晴热天气,每天 11 时和 14 时分别用清水把盖布喷湿。铁纱副盖上湿布水分的蒸发,既可降低温度,又可供蜜蜂吸取,供给蜜蜂育虫。

7. 设置箱架　设置高度在 50～100 厘米的高箱架,把蜂箱放在箱架上可以减少敌害和雨水侵入巢内,又可避免热气上蒸。如有蚂蚁为患,在箱架四周铺细沙,架子腿上涂灭蚁剂。

8. 防除敌害　积极捕杀、诱杀胡蜂。蟾蜍多的地方,每晚可在巢门前放置铁纱罩,预防蟾蜍在夜间捕食蜜蜂。

(六)越冬的准备

营群体生活的蜜蜂,为了在严寒的冬季求得生存,在最高气温低于14℃时,就逐渐减少巢外活动,在气温低于5℃时,完全停止巢外活动。它们在巢脾上形成蜂团,消耗贮藏的饲料,进行缓慢的产热活动,保持蜂团温暖,度过漫长的冬季。

蜂群安全越冬并保持蜂群的实力,是完成养蜂生产计划的保证,也是提高翌年蜂产品产量的决定性因素。秋季蜜蜂更新时期,需要做好蜂群越冬的准备工作。

1. 防治蜂螨 夏季,主要蜜源一结束就应防治蜂螨,以便培养健康的冬季蜂;秋季,蜂王停止产卵后立刻彻底治螨。

2. 更换蜂王 1年龄左右的蜂王,在秋季能产较多的卵,停产较晚,翌年春季开产较早。蜂场的1年龄蜂王应占50%以上。初秋把2年龄的蜂王更换成当年的蜂王。淘汰的蜂王可以放在2~5框的小群内饲养,到越冬前除去蜂王,与强群合并。

3. 贮备越冬饲料 从秋季断绝蜜源到翌年春季有辅助蜜源时,蜂群在这个时期要消耗蜂蜜20~30千克、花粉2~3框,需要在大流蜜期准备好。在最后一个主要蜜源期选留蜜脾。每群选4~5个巢脾平整、无雄蜂房,并且哺育过几代蜂子的优质巢脾,放到继箱里,让蜜蜂将其贮满蜜蜂、封盖。每个蜜脾毛重2.5~3千克(蜂蜜净重2~2.5千克)。天气暖和时可将蜜脾脱去蜜蜂,集中放在继箱内,加在强群上让蜜蜂保护。天气冷时放在室内保存。北方越冬的蜂群,每框蜂需留有1.5~2个蜜脾;南方的蜂群,每框蜂需留1~1.5个蜜脾。此外,还要保留一些半蜜脾和蜂蜜,以备急需。在秋季粉源充足的地方,为每群选留2框花粉脾。蜜脾和花粉脾在室内贮藏时,要经过药剂熏蒸,防止被巢虫破坏。

4. 培育越冬蜂　越冬蜂是那些在秋季出生、很少或没有哺育过幼虫的蜜蜂，它们的各种腺体和脂肪体保持发育状态，能够度过冬季，到翌年仍然能够哺育一批幼虫，然后死亡。秋季参加过采集和大量哺育工作的蜜蜂，通常在越冬前和越冬期间死亡。在当地蜂王停止产卵以前的 1 个月，要抓紧培育越冬蜂。

在有向日葵、荞麦等秋季蜜源的地区，采取取蜜和繁殖两不误的方针。如果有蜂蜜压缩产卵圈的情况，可以把子脾上的蜂蜜轻轻摇出，或把贮蜜多的封盖子脾调到继箱上，同时给巢箱补加空脾，供蜂王产卵。大流蜜期结束后或者在无蜜源地区，提出巢内多余空脾调整蜂巢时，把优良的暗色巢脾放在巢箱中部，供蜂王产卵；把新脾和不适宜的巢脾放在产卵区的外侧，以便以后提出。每天傍晚进行奖励饲喂。在当地开始上冻前 1 个月，适时停止蜂王产卵。因为晚期出房的幼蜂如果没有机会进行排泄飞行，它们在冬季不安定，会影响蜂群安全越冬。

5. 预防盗蜂　向日葵、荞麦流蜜期，流蜜期结束，以及无蜜源时都容易发生盗蜂，要缩小巢门，随时注意预防，否则会遭受重大损失。

6. 补喂越冬饲料　越冬饲料准备不足时，在荞麦蜜源结束后的 15 天内，或蜂王停止产卵前 1 周，在 5～7 天内把饲料喂足。这时天气已经转凉，水分蒸发慢，宜饲喂浓糖浆或蜜汁。饲喂日期过晚，蜂蜜不易成熟、含水多，易引起蜜蜂下痢；饲喂日期拖长，如同奖励饲喂，会使蜂王长久不停产，对蜂群越冬不利。北方的 8～10 框群应有贮蜜 20 千克以上，6～8 框群应有 15 千克；长江、淮河一带，5 框左右的蜂群应有 12～15 千克贮蜜。

秋季有甘露蜜的地方，在这时用选留的蜜脾把巢内蜜脾换出。如果蜜脾不足，则补喂糖浆或者蜜汁，然后调整好蜂巢。

7. 合并弱群，布置蜂巢　蜂王停止产卵时，把淘汰的老蜂王去掉，将其蜜蜂和子脾合并到其他较弱的蜂群。蜂数在 3 框左右、蜂王好的蜂群,可以组成双王群越冬;5 框蜂左右的平箱越冬;7 框蜂以上的采用加继箱越冬效果好。

(1)双王群越冬 用闸板将蜂箱分隔成左右相等的两个区,把两群的半蜜脾分别放在靠近闸板处,整蜜脾放在半蜜脾的外侧,两个蜂群的蜂团就会集结在闸板两边,互相保温(图 1-22)。

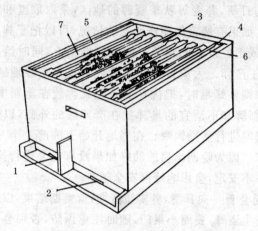

图 1-22 双王群的越冬蜂巢
1,2. 巢门 3. 闸板 4,5. 隔板 6,7. 箱内空间

(2)单箱越冬 把半蜜脾放在中央,整蜜脾放于两侧,使蜂群在中央下部结团(图 1-23)。

(3)加继箱越冬 子脾和半蜜脾放在巢箱内,整蜜脾放在继箱内,即巢箱有约 8 千克贮蜜,继箱有约 15 千克贮蜜,使蜂群开始在巢箱中下部结团(图 1-24)。随着饲料的消耗,蜂团向上移动,最后结团于巢箱和继箱之间。

无论采用何种越冬蜂巢的布置,巢门都应开在蜂箱的下部中央。布置蜂巢时,详细记录蜂群的情况。

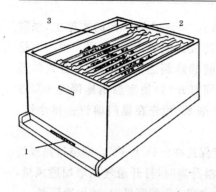

图 1-23　单箱群的越冬蜂巢　　**图 1-24　继箱群的越冬蜂巢**

1. 巢门　2. 隔板　3. 箱内空间

（七）北方蜂群的室内越冬

蜂群在寒冷的冬季,在蜂王周围的巢脾上形成一个球体,称为越冬蜂团(简称冬团)。在越冬期间,对于蜂群的任何干扰,如振动蜂箱、发生鼠害、室内越冬蜂群受光线刺激等,都会使蜜蜂骚动不安,导致冬团散开,饲料消耗增加,使蜜蜂加速衰老,危及蜂群安全越冬。蜂群越冬期间要求安静,不受振动,不受寒风吹袭,在室内要求保持黑暗,有相对稳定的温度。要根据不同的越冬方式,施以相应的管理措施。

东北、西北等严寒地区,许多蜂场采用室内蜂群越冬。越冬室分地上式、半地下式和地下式 3 种,也有在窑洞中越冬的。无论何种形式,都要求越冬室保温良好、干燥、能保持黑暗、便于通风。容积由贮蜂量决定,每箱蜂需 1 米³。现代化的越冬室,安装有自动控制的通风机、电加热器、去湿机等,可以保持室内适宜的温度、湿度和空气新鲜。

1. 入室时间　当阴处结冰不融化时,如东北地区南部在 11 月下旬,中北部地区在 11 月上中旬,把蜂群搬入室内。入室时间宁晚勿早。把蜂群搬入室内,放在 30～40 厘米高的木架上,强群放在下层,中等群放在中层,弱群放在上层,共放 3 层。中间两排箱背靠箱背,靠墙的一排与中间的蜂箱之间留 1 米左右宽的通道。入室当天打开通气孔,夜间打开门,使室温迅速降至 0℃ 以下。巢门高 8 毫米、长 20～50 毫米,预先在巢门前钉一排小钉,预防老鼠侵入。

2. 温度控制 越冬室温度保持在 −4℃～4℃。室温过高或过低都会增加饲料的消耗。当室温升高时,打开通气孔增加通风量,或设置电扇通风,通气孔要有防光罩。室温降低时,减少通风量。

3. 湿度控制 越冬室的空气相对湿度保持在 75%～85%。如果室内地面潮湿,可撒上吸水性强的草木灰或者木屑,扫除收干。加大通风量也可以降低湿度。叠起盖布的一角使蜂箱内多余的水汽蒸发。如果蜂箱内潮湿,在铁纱副盖上盖几层吸水性强的纸,在纸上撒草木灰,吸收水分后换掉。过于干燥的空气会使蜂蜜丧失水分,使蜜蜂感到口渴,可在室内悬挂湿麻布。

4. 室内观察 蜂群入室的头几天要勤检查。室温比较稳定后,每隔 15 天入室检查温度、相对湿度及是否有透光的地方。蜜蜂是红色色盲,检查时宜用罩上红布的手电照明。

在室内黑暗的情况下,如有蜜蜂飞出蜂箱,表明不是室温太高,就是太干燥,应察看温、湿度,并加以调整。越冬后期,受气温升高的影响,室温波动比较大,每 3～4 天应检查 1 次。

(八)南方蜂群的室内越冬

南方是指长江中下游地区。这里的许多蜂场近年来也采用蜂群室内越冬。室内越冬的优点有:避免茶花流蜜后期蜜蜂和幼虫中毒;避免盗蜂造成损失;避免蜜蜂到土法制糖车间采糖造成严重损失;减少看管蜂群的劳动和精力;减少蜜蜂出巢活动,而且室内温度比较稳定,可节约饲料,保存蜜蜂精力。

1. 越冬室条件　要求条件与上述相同。用民房代替的要前后有窗,便于夜晚通风。挂上麻布或者黑布窗帘和门帘,保持室内黑暗。越冬室应为水泥地面,未贮存过农药。把地面冲洗打扫干净,铺一层沙子或者禾草。室内有电源的可安装电扇。

2. 入室方法　进行蜂群检查,做好记录,绘制蜂群在蜂场摆放位置图,以便放蜂时仍按原位置摆放蜂群。天黑后,把巢门关闭,取出副盖上的小草帘,将蜂群搬入室内。待蜜蜂安静后,打开巢门。

3. 室内管理　分早入室和晚入室两种方法。

(1)早入室　10月下旬至11月中旬蜂王还在产卵,蜂群内有子脾,早入室可迫使蜂王停产,早日进入越冬阶段。将蜂群放入室内,打开巢门。在巢门前箱底板上放脱脂棉,洒上清水,以后每天洒水2~4次,直到子脾出完。白天气温升至14℃以上时,用水洒湿地面,开动电扇,促使水分蒸发和空气流通,降低温度。夜晚打开门窗,流通空气,黎明前关好门窗。如有蜜蜂出巢,可让它们飞出室外,在蜂场放1箱弱群,收容飞出的蜜蜂。入室后经过2~3天,把蜂群搬出放在原址,让蜜蜂飞行、排泄,夜晚再搬入室内。过4~5天第二次放蜂,再过10~15天第三次放蜂,这时子脾已经出完,幼蜂经过排泄飞行,以后就进入蜂群越冬的正常管理。

(2)晚入室　11月下旬至12月上旬巢内无子脾时入室。这时气温比较低,入室后不需放蜂,按常规管理即可。

(九)蜂群的室外越冬

把蜂群保温包装在蜂场上管理比较简单,也比较经济。全国各地都可采用,方法各式各样,应因地制宜加以选择。越冬场地要求背风、安静、干燥、向阳;要远离铁路、采石场、榨糖厂等,避免强烈振动,防止发生盗蜂及被畜禽干扰。

1. 草帘包装　地面开始上冻,树木已有2/3落叶时,进行越冬包装。地面铺 10～20 厘米厚的干草,蜂箱放在干草上,把蜂群按 3～10 群为 1 组排列,每组 1 排,各排的蜂箱互相靠在一起,箱间空隙塞上干草。箱后、箱上和侧壁用草帘包裹(图 1-25)。为了防雨雪,还可以在草帘外盖一层塑料薄膜。组内蜂群越少越好。同一排的蜂群过多时,蜜蜂容易偏集。蜂群的外包装,最好随着气温的下降逐步进行,先把蜂群分组集中,过几天再在箱间塞草,最后用草帘包好。

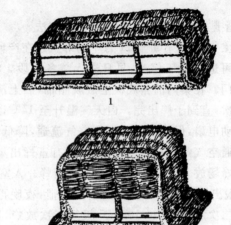

图 1-25 越冬蜂群的草帘包装
1. 平箱群 2. 继箱群

在不背风的场所,可以用砖砌成三面围墙,放入蜂箱,后面和侧面塞上干草,上面盖草帘。

2. 苫布包装 黑龙江省有的蜂场用苫布包装蜂群越冬,取得了很好的效果。箱下地面铺一层干草。把蜂群摞成 1.5 米左右高的 2 排,排与排之间相距 1 米,左右作为通道,2 排巢门相对,盖上苫布,苫布下边用石块压住。左右两端也用苫布盖严,使里面保持黑暗。早春气温高时,傍晚打开苫布的一端,以利于通风降温。

3. 草帘黑暗包装　这是湖北省一些蜂场采用的方法。在 12 月中旬出现冰冻天气以后,把蜂群分成数排,各排蜂箱背靠北墙放置,箱底地面铺干草,蜂箱与墙壁间及各箱之间塞上干草,蜂箱上面盖双层草帘,再盖一层塑料薄膜防雨。蜂箱前面用两层草帘遮盖,保持黑暗状态。

4. 泡沫塑料或珍珠棉包装　可用厚度在 20 毫米左右的泡沫塑料板按隔板尺寸制作箱内保温隔板,按副盖尺寸制作箱顶保温板,也可作箱底和蜂箱外围的保温包装材料。

珍珠棉也称 EPE 发泡膜,是一种装潢保温防潮卷材,用于铺装木地板时垫底。每卷长 100 米、宽 1.3 米,厚度有 1.8 毫米、2.5 毫米和 3 毫米 3 种,可用 2.5 毫米厚的卷材作蜂群包装材料。按隔板大小剪裁,用图钉钉在木隔板外侧,可作为保温隔板。剪裁成覆布大小,可作为覆布上面的保温物。还可作箱底和蜂箱外围的保温材料。

5. 室外越冬蜂群的管理　按要求做好蜂群越冬的各项准备工作,包装好蜂群。冬季主要是注意防止鼠害,及时清扫雨雪,每 15 天左右清除一次箱底的死蜂。经常巡视蜂场,防止畜、禽干扰。特别要注意防火。

（十）转地饲养

实行有计划、有目的地转地饲养是充分利用蜜源资源、增加蜂产品产量、提高蜂群繁殖能力和战胜自然灾害的有效措施。转地饲养分为跨省界、行程上千千米的长途转地饲养和在几十、几百千米范围内的短途转地饲养。长途转地饲养需要有丰富的经验和有组织地进行,而且各项开支较大。以定地饲养为主,结合短途转地,有利于发挥蜂群的生产潜力,开展多品种生产,风险也比较小。目前,全国高速公路网的建设为蜂群运输提供了便利条件。

1. 落实场地 对转移饲养的场地应经过实地考察,了解该地主要蜜源植物的种类、面积、开花时间、气候情况以及历年到该地放蜂情况和蜂蜜产量,提前落实摆放蜂群的场地。

2. 调整蜂群 转地前,对蜂群群势进行适当调整,重新布置蜂巢,固定巢脾,使蜂巢便于空气流通,以保证运输途中的安全。

(1)调整群势 蜜蜂多、子脾多的强群,在运输期间如空气流通不畅,最容易闷死蜜蜂。在转地前,把强群过多的蜜蜂和子脾调整给较弱的蜂群,使继箱群保持 12～15 框蜂、6～8 个子脾;巢箱放 7～9 个脾,继箱放 5～7 个脾,每个脾上有七八成蜂。在转地前 1 周左右,从强群提出带蜂或不带蜂封盖子脾补给弱群。起运前夕,在蜜蜂大量飞行时,可以把强群搬走,在原位置换上弱群,让强群的飞翔蜂飞入弱群。也可以在傍晚将强群的纱盖连同聚集的蜜蜂与弱群的纱盖对调。7～10 框蜂的平箱群,可以临时加上 1 只空脾继箱。

(2)调整蜜脾 转地前根据群势留蜜脾,继箱群选留 2 个封盖蜜脾,平箱群选留 1 个封盖蜜脾,放于巢箱内外侧。同时,抽出没有哺育过蜂子的新巢脾,特别是新的蜜脾和未封盖的整框蜜脾,防止新脾断裂和熔化坠毁。此外,还要调整粉脾,双王群往往缺乏花粉,可抽补花粉脾。

(3)加水脾 在盛夏运输途中消耗水分较多,包装前给每群加 1 张灌上清水的水脾,放在继箱内巢脾的外侧。

(4)排列巢脾 各类巢脾的排列,要有利于蜂群的生活和通风,使巢箱和继箱都有相当的空间,便于蜜蜂疏散和空气流通。春季气温较低时,群势也不强大,对蜂巢可不做大的调整,子脾仍放在中央。高温季节,群势强,将子脾和空脾分放在上、下两个箱体内,在一侧、两侧或中央留有空间(图 1-26)。

3. 包装蜂群 主要是使巢脾固定,不摆动,并将巢箱和继箱连接起来。最好用巢脾固定器将巢脾固定。亦可用长 40～100 毫米、

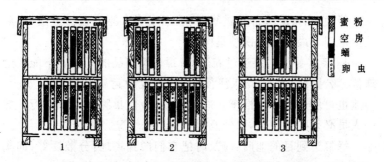

蜜　粉
空　房
蛹　虫
卵

图1-26　高温季节强群运输时蜂巢的布置

1. 巢脾靠在一侧　2. 继箱中间留空　3. 巢箱和继箱两侧留空

宽15毫米、厚12～15毫米的木条（框卡）卡在各巢脾之间（图1-27）。外侧加隔板，用铁钉固定。

连接巢箱和继箱的方法有多种。用竹板连接省钱，但损害箱体。方法是：用4块长200毫米、宽20～25毫米的竹板，钉在蜂箱的前后壁呈"八"字形。使用箱外包装器或者打包机，用塑料带把巢箱、继箱和箱盖连接在一起比较方便。

如果巢箱和继箱没有纱窗，必须使用铁纱副盖，以保证通风。将铁纱副盖钉在继箱上，打开箱盖上的通气窗。最好用麻绳将蜂箱绑扎，以利于搬动。

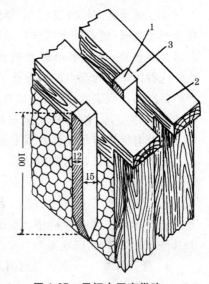

图1-27　用框卡固定巢脾

（单位：毫米）

1. 框卡　2. 巢框上梁　3. 铁钉

傍晚,当蜜蜂大部分进巢时,喷烟或喷水驱赶蜜蜂进巢,然后关上巢门。最好使用铁纱巢门。

4. 装运蜂群 装运过农药、有毒化学药品的车、船,不能装运蜂群。公路使用卡车,江河使用船,在夜晚运输蜂群比较安全。短途也可使用胶轮手推车。蜂箱门朝后,使巢脾与车厢平行。养蜂人员必须随蜂押运,以便及时处理特殊情况。

蜂群运到目的地后,应及时把它们搬到场地,分散摆好,向巢门喷一些水,然后打开巢门。翌日检查蜂群,整理蜂巢。

(十一)单脾春繁

在江浙地区,从 20 世纪 50 年代就有人试验在早春采用 1 个巢脾开始繁殖(培养壮大蜂群),经过 30 多年的不断改进,80 年代以后逐渐普及,这表明单脾繁殖已成为蜂群春季繁殖的一种方法。这种以单脾为起点的饲养技术,可以在早春寒冷时期使蜂王产卵每脾都达到满脾(除角蜜以外,蜂子面积达 70% 以上),同时保证蜂子不受冻,使蜂群快速发展壮大,提早生产蜂蜜、蜂王浆等。单脾春繁也有单王群和双王群两种饲养方法。

江浙一带有经验的养蜂人员,近年来大多采取强群越冬(单王群每群有蜜蜂 1.2～1.5 千克、约 6 框蜂,双王群每群有蜜蜂1.5～2 千克)、暗室越冬的方法。越冬期将蜂王关入蜂王笼内,使其停止产卵。在越冬蜂群中,双王群约占一半,每只蜂王有蜜蜂0.75～1 千克、约 4 框蜂。

1. 快速春繁 一般在当地油菜盛花期(大流蜜期)50～60 天前开始春繁。例如,钱塘江流域大量油菜于 3 月中旬至 4 月中旬盛花,是当地春季主要流蜜期和生产期,春繁开始的适宜日期为 1月中旬左右。蜂群经过越冬以后,每群剩余的 4.5 框蜂(单王群)经过约 40 天的增殖,就可以加上继箱,此时距油菜流蜜期还有 10余天,可继续积累新蜂,并做好生产群的调整和生产蜂蜜、蜂王浆的准备工作。

暗室越冬的蜂群,选择晴天傍晚出室,双箱并列,箱底垫草,两箱间塞上稻草,连续 3 天进行奖励饲喂稀蜜汁或稀糖浆,促使蜜蜂飞翔、排泄。预先选择质量优良的空巢脾(蜂王产过卵、使用 1 年左右、淡棕色的工蜂房巢脾),在巢脾两面装填配制的花粉,制成粉脾后备用。

春繁起始,每群只用 1 框特制的粉脾放在蜂箱中央,供蜂王产卵,两侧距离 15～20 毫米处各加隔板 1 块,依次将箱中原有的巢脾提出,把上面附着的蜜蜂抖落、取出。待蜜蜂上脾结团后,用稻草束从两块隔板外侧掩住下方的空隙,以利于保温。当晚奖励饲喂糖浆 600～800 毫升。翌日,将蜂王从蜂王笼中放出,当天蜂王就可产卵。以后每晚可饲喂糖浆 100～200 毫升,数量以维持消耗并在巢脾上有角蜜为度,避免压缩产卵面积。每晚奖励饲喂可持续进行。

紧脾 7 天后的下午,加第二框粉脾,粉量 400 克,花粉填在空脾的两侧及两上角。紧脾 14 天后,加第三框粉脾;再过 7 天后加第四框粉脾,粉量 500 克,几乎将巢脾两面填满。此后,当年培育的新蜂陆续出房,进入新老蜜蜂交替的时期。

紧脾后 25 天,除在蜂巢外侧加 1 框满粉脾外,在蜂巢中央另加 1 框空脾,供蜂王产卵。这时,蜂巢内已有 6 个脾,可取出 1 块隔板,将子脾向两箱相邻的一侧靠拢,外侧有隔板。

此后,新蜂源源出房,群势扩展,每隔 4 天左右就可加 1 框空脾,同时更换外侧的粉脾。如此经过 40 余天的增殖,巢箱已经加满 10 个脾。这时保持单箱体 7 天左右,到蜂箱充满蜜蜂时,再加上继箱。做法是:把 5 框封盖子脾和大幼虫脾提到继箱,两外侧各加 1 框满粉脾和蜜脾;巢箱保留 5 框巢脾,控制蜂王在这几个脾上产卵;巢、继箱之间加隔王板。此时,可以开始生产蜂王浆,继续进行奖励饲喂。油菜大流蜜期时,同时生产蜂蜜,也可采集花粉。

2. 粉脾的制法 浙江省杭州市萧山区洪德兴制造粉脾的方法是：精选大豆，文火慢炒至松脆香甜，冷却后去皮，磨成细粉，过0.5毫米筛，备用。天然花粉与大豆粉配比，春繁加第一、第二框粉脾时为1∶5；加第三、第四框粉脾时为1∶2～3。粉与蜜、糖的比例为5∶3∶2。先将花粉加蜜在大盆内软化，再加大豆粉，最后加糖，充分搅拌均匀，揉搓成碎粉团，过3毫米筛。按需要量的不同，制作大小遮板数片，以便向空脾装粉时，保留蜂王产卵用的空巢房。将遮板放在空脾的中部，在遮板外缘装填蜜粉，撒粉后用蜂扫来回拂刷，使粉团深入巢房，以露出房眼为宜。装填完巢脾一面，再装填另一面。花粉装实后，用蜂蜜淋灌，用大盆在下面接住，淋透巢房内的花粉，以便蜜蜂捣实。

人工花粉脾一般用花粉或花粉代用品，装在巢脾的四周，制成空心花粉脾，中央留有椭圆形的部分空巢房。将空心花粉脾加到蜂群中，蜂王从中央开始产卵，随着花粉的消耗产卵圈向外扩展。实心花粉脾是将花粉或花粉代用品装在巢脾的中央，呈椭圆形，四周留有适当的空巢房。早春始繁时，将实心花粉脾加到蜂群中，蜂王开始从花粉外围产卵，随着花粉的消耗产卵圈向内扩展。这时气温较低，蜂群刚刚开始繁殖，外围的幼虫封盖后，蜂蛹在发育过程中能产生一定的热量，抗寒力较幼虫强；中央的卵虫处在温度和湿度最适宜、哺育蜂取食花粉最方便的中心位置，幼虫的育成率高；在气候突然变化、寒潮来临时，不易发生拖子现象。

3. 简易的单脾春繁法 由于各地的气候、蜜源及蜂种等条件不同，采用单脾春繁法需要灵活掌握，不能简单地按头3次加脾的方法进行，每隔7天加1个脾，21天后每隔4～5天加1个脾，需要根据蜂群的发展和气候等情况调整加脾的日期。初养蜂者可采取简易的方法，即在紧成1个脾开始繁殖时，在一侧的隔板外同时加1个粉脾,粉脾外侧再多加1个隔板。过7天左右,如果蜜蜂已扩散到外面粉脾上,并将脾上的蜜粉清理掉,即可将此脾调到蜂巢中间,同时在外面加1个粉脾。

4. 双王群春繁法 在10框标准蜂箱中央插上闸板,将蜂箱分成左、右两室,每一空间各5框蜂。闸板两侧各放1框粉脾,将其他巢脾抖落蜜蜂后提出,外侧距离15～20毫米处加隔板。以后每隔7天向两室各加1框粉脾,第四次加脾后不久蜜蜂就可满箱。这时可根据情况,或用双王群的封盖子脾补给较弱的单王群,或加上继箱。

(十二)封盖子脾的人工孵化

20世纪50～60年代就有人研究利用电热恒温箱孵化蛹脾,当时电力不足,特别是农村经常停电,因此技术不好掌握,也无法推广。黑龙江省虎林县养蜂专业户杨多福20世纪80年代研究成功用火炕作为热源的孵化机,结合改进饲养技术,养蜂连年获得丰收。

1. 人工孵化的优点 蛹脾人工孵化可使蜂群中的幼虫与哺育蜂的比例适当,能控制蜂群的群势;蛹的孵化温度较稳定,孵出的蜜蜂身体健康,寿命长;可以控制蜂群不产生自然分蜂,减少蜜蜂怠工情况;能充分利用幼蜂多分群,利用更多的蜂王产卵,提高蜂群的繁殖力;由幼蜂组成的新分群,不会产生蜜蜂飞返原群的弊病,并容易接受诱入的蜂王;用孵化的幼蜂补助弱群、新分群和交尾群都很容易,不会发生蜜蜂斗杀和围王;对孵化的幼蜂用杀螨剂处理,防治蜂螨的效果好;检查孵化完毕的巢脾,对个别蛹、虫的死亡情况一目了然,便于查清病因;可将蛹脾上贮存的花粉不断提出,促进蜜蜂积极采集花粉,增加蜂花粉的产量,提高蜜蜂为植物授粉的效率;在流蜜期前,可利用幼蜂补助生产群,使其及时壮大;在流蜜期间,巢内蛹脾少、空脾多,可提高蜂蜜的产量。

2. 孵化机的构造 杨多福设计的孵化机由孵化箱、水银电接点温度计(控温器)和报警器构成,放在室内火炕上使用(图1-28)。

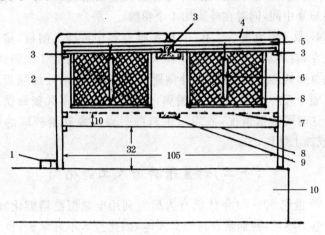

图1-28 孵化机结构 (单位:厘米)
1. 报警器 2. 蛹脾 3. 承框横梁 4. 棉被 5. 箱盖
6. 电接点温度计 7. 尼龙纱 8. 铁皮 9. 横梁 10. 火炕

孵化箱箱壁由4块木板组成,用木螺钉固定,可以拆开叠放。箱的内围宽105厘米,可并列放置两排蛹脾。高70厘米,由铁皮和尼龙纱将孵蜂箱分成上、中、下3个室。上室为孵化室,高28厘米,其底是尼龙纱,可承接幼蜂,以利于出房时跌落的幼蜂爬到巢脾上和防止幼蜂被烤伤。中层为缓冲室,高10厘米,可避免蜂蛹直接受热被烤死。缓冲室的底由5块铁皮构成,可以平衡温度。铁皮下面是加热室,高32厘米,下面无底,直接放在炕面上。在加热室的两侧下面各有1个通气管。孵蜂箱的长度,依蜂场的规模而定,专业养蜂户可制作大型孵蜂箱(内长195厘米,1次可孵化80框蛹脾),副业养蜂者制作小型孵蜂箱即可。

孵化箱上口中央有1根横梁,在横梁的两侧制作承框槽。距箱内两侧壁上口4厘米处各钉上一根2.5厘米×2.5厘米的方木条,与中央的横梁共同承担巢框。在加入蛹脾后,上面有3厘米高的上蜂路,便于排出蜂路中的热量。箱盖是4块纤维板,箱外可包裹棉被保温。

孵化箱中央装上可调式电接点温度计,连接温度报警器,用6伏电池作报警器电源。把电接点温度计的最高点调至35.5℃,当箱温上升到这一温度时,接通报警器电路,发出音响,通知要散热。将最低点调至33℃,当箱温降低至此温度时,另一报警器发出音响,通知要保温。供电正常的地方也可用电热器或电灯泡加热。

火炕要设2个锅灶,做饭用的和为孵化箱加热的锅灶,两灶的烟道不相通,做饭时就不会影响孵化箱的温度。不要用石板搭炕面,因为石板散热快,会使孵化箱的温度不稳定。

3. 合理提蛹脾孵化　根据蜂群情况适当提出蛹脾是人工孵化的关键。在春末,越过冬的蜜蜂更新以后,蜂群中出现面积达七成以上的封盖子脾时,开始提蛹脾进行人工孵化。

10框蜂的继箱群,子脾达到9框以后,每6天提出1框老蛹脾孵化。蜂群中留下的蛹脾,有陆续出房的幼蜂,能保持足够的哺育蜂。

较弱的平箱群,每加2次产卵用的空脾时,提出1框蛹脾孵化。已有产卵的王台、出现分蜂热的蜂群,无论其群势大小,可将它的蛹脾全部提出,进行人工孵化,同时采取其他控制分蜂的措施。贮有较多花粉的蛹脾、多雄蜂房的蛹脾和老巢脾,应尽可能早地提出来。

如果某群的蛹脾虽然多,但是每个蛹脾上都有较多的卵虫不适合人工孵化,可用它的1框有幼虫的蛹脾,换出另一群的1框蛹脾,进行人工孵化。

经过一段时间,取得了人工孵化的经验以后,完全可以做到孵化箱的温度稳定。孵化箱里的相对湿度，一般可维持在80％左右，适合蜂蛹的发育，不需要人工增湿。室内干燥时，可向地面洒水。

用孵化箱孵化蜂蛹要做好记录，表1-8可作参考。全场巢脾统一编号，将号码写在橡胶布上，贴在巢脾上框梁中部。

表1-8　蜜蜂孵化记录

巢脾号	来自群号	加入日期	孵净日期	死蛹数量和情况	死亡原因

4. 提取幼蜂　孵化箱里有幼蜂孵出以后，每隔2天提取1次幼蜂。预先准备1个空蜂箱，里面放置4～6框可供蜂王产卵的巢脾，尽量选用有贮粉和有部分蜂蜜的巢脾。把孵化箱里的幼蜂，逐脾提出，抖落在此箱内，将脾上附着的幼蜂扫净。如有部分未出房的蛹脾，仍然放回孵化箱继续孵化。

由于天气影响不能从蜂群提出蛹脾时，仍要每隔2天提取1次幼蜂，因为超过2日龄的幼蜂，在孵化箱里骚动不安，不但消耗体力，还会破坏箱内温度的稳定。

提出来的出净蜜蜂的巢脾，扫除幼蜂后，对巢脾上个别未出房的蜂蛹掀开封盖检查，确定蜂蛹死亡的情况和原因。死蛹多分布在巢脾中央，是蜂群通风不良，受热所致；死蛹多分布在巢脾外围，是蜂群受冷时蜂团收缩，蜂蛹受冻而亡；死蛹均匀地分散在各处，主要是哺育能力不足，幼虫营养不良所致；巢房中有死亡的蛹体或蜂螨，这是蜂螨危害所致；死蛹的封盖下陷、有小洞、有恶臭味，是患了幼虫病；分布无规律的零星死蛹，可能是近亲繁殖造成的。

提出孵完蜜蜂的巢脾,将死蛹房盖割开,将死蛹夹出。患病脾、多雄蜂房的和老巢脾都要淘汰、化蜡。空巢脾最好用硫黄或冰醋酸熏蒸消毒,再加入蜂群使用。

提取的幼蜂,如果在巢脾上呆滞不动,有的翅残缺或者孵化箱底有许多死蜂,表明是孵化温度没有控制好,要及时纠正。提蜂时也要做记录,表1-9可供参考。

表1-9　提蜂记录

提蜂日期	蜂数(框)	蜜蜂健康状况	死蜂数	补给蜂群	分出蜂群

5. 幼蜂的利用　将提取的幼蜂放在室内,蜂箱上覆盖一层布。约3小时以后,幼蜂全部集中到巢脾上,这时是用杀螨剂杀除蜂体上蜂螨的最好时机。翌日换箱,清除落螨,再放置1天后即可利用。

孵出的第一批幼蜂,可用来组织交尾群,培育新蜂王。以后孵出的幼蜂,优先用来补给提出过蛹脾的平箱群,其次补助哺育蜂少的蜂群。剩余的可用1框幼蜂置换出弱群的1框蛹脾,进行人工孵化,最后剩下的幼蜂用来组织新分群。

不用幼蜂补给未提过蛹脾的弱群,这样可显示出各个蜂群的发展情况,便于计算各群的产量,为淘汰一些低劣的蜂王提供依据。从有分蜂王台的蜂群中提出蛹脾时,不补给幼蜂。

6. 自造孵化箱　在一个空蜂箱里装上电热元件(远红外电热管、电热片或300瓦电炉),箱上加一张铁片和一个双层纱隔板,上面加一个继箱,箱内一侧的中部安装控温器(可调式电接点水银温度计或电子控温器等)及温度计,继箱下部开一个小巢门,箱子外面贴上泡沫塑料保温板。使用前先调准箱内温度,然后以 2～3 框带少量蜜蜂的封盖子脾试用。

《中国养蜂》2011 年第 11 期上发表了王德朝撰写的《自制自动孵化器》一文,文中有制作自动孵化器的详细介绍,并附有恒温加热电路图、恒湿电路图及供水系统图,可供养蜂人员参考使用。

7. 用强群孵化子脾 平均气温在 15℃ 以上、最低气温达到 10℃ 以上时,可以选择 15 框蜂以上的继箱强群作孵化群。在它的继箱上加上平面双层纱隔板,上面加一个空继箱作孵化箱,箱内两侧加蜜粉脾,提来的封盖子脾放在中央,可附着少量蜜蜂;纱隔板或继箱上开 1 个后巢门;还可在继箱内侧和箱顶副盖上加保温物。蜂蛹借下面强群的温度及本身的热量,能正常孵化。最高气温达到 25℃ 以上时,注意通风和遮阳。

(十三)春繁期灾害天气时的管理措施

近年来由于气候变化,加上品种和耕作制度的改变,春季油菜花期比以前提早了 15 天,长江中下游地区的许多蜂场将蜂群春繁提前到 12 月份或翌年 1 月上旬。2008 年 1 月下旬至 2 月上旬,四川、贵州、湖北、湖南、安徽、江西、江苏、浙江、陕西、河南等 10 多个省遭遇连续暴雪低温,已经开始春繁的蜂群,20 多天无法排泄飞翔,肠道粪便堆积,蜂群骚动不安,许多蜜蜂在低温下冲出巢外,下痢死亡。据湖北省对部分蜂场的调查统计,蜂群中蜜蜂的死亡率平均约 30%(20%～70%),全群死亡数占调查蜂群总数的 3%～10%。浙江省农业厅畜牧局统计,全省 115 万群蜜蜂中有 60% 的蜂群群势下降 50%,死亡蜜蜂达 20 多万群。

极端灾害天气下蜜蜂死亡的主要原因是:蜜蜂在开始繁殖以后要大量消耗蜂蜜和花粉,产生粪便。如果气温较低,蜜蜂被迫在低温下出巢排泄,就会受冻死亡。降雪停止后,积雪的反射光可诱使蜜蜂飞出而被冻死。有的蜂群贮蜜不足,结果整群受冻饿而亡。针对上述原因可采取以下措施。

雪停后及时扫除蜂箱上和蜂场的积雪,用黑色塑料布盖在蜂箱上并搭在蜂箱前面,或用草帘、纸板等挡在蜂箱前面,保持巢门黑暗。给贮蜜不足的蜂群补加蜜脾或将炼糖加在蜂巢上面。蜂箱内外适当添加保温物,或用保温罩罩住蜂箱。关注天气预报,如预报未来3~5天中若某天晴天,且最高气温达到7℃以上时,就要做好准备,在那天太阳一出时就在每群的框梁上浇温蜜水50~100毫升,促使蜜蜂出巢排泄。若阴天气温达到14℃以上时,也可促进蜜蜂排泄。

炼糖的制法:将白砂糖磨成细粉,细度在100目以上。3~4份细糖粉调入1份滤清的蜂蜜,混合均匀,反复揉捏,制成有一定硬度的糖棍;或用1千克白砂糖溶化在500毫升热水中,经纱布过滤,在清洁的铝锅内加热至112℃,再加滤清的蜂蜜400克,继续加热至118℃,停止加热,晾凉至70℃左右,不停地搅拌,一直搅拌到成为乳白色黏稠的糖团。

应对早春灾害性天气的预防措施是:单王越冬群最低要有4足框蜂、4个蜜脾,另贮备1个蜜脾。双王群越冬最低要有6足框蜂、6个蜜脾,另贮备2个蜜脾。用黑色塑料布盖在蜂箱上面并搭在箱前。蜂强、蜜足、适当保温、保持蜂巢黑暗,就能抵御较长时间的恶劣天气。

(十四)分区管理法

山东省张功勋养蜂50多年,自1982年起试用分区管理模式养蜂,经过不断探索和改进,取得了丰富的经验,使该方法进一步完善。

1. 春繁期的分区管理　春繁选择在当地第一个主要蜜源植物开花流蜜前的55~60天开始。春繁起始群势不能低于3足框蜂。

(1)单脾开繁 从 3～4 框蜂开始。在 10 框标准蜂箱内一侧,用闸板隔出 2 框的空间作为保温室,填充保温物。闸板内侧放 1 框含少量蜜粉的巢脾供蜂王产卵(暖区),将蜂王放在此脾上,抖入 3～4 框蜂,外侧加 1 块隔板。2～3 天后在隔板外侧(冷区)放 1 框蜜粉脾和 1 块隔板。

(2)轻保温、不奖饲、供足水 单脾开繁是以高密度的蜜蜂密集来适应初春天气多变的气候。春繁期在箱底垫一层干草,箱内保温室加保温物,箱上盖覆布、草帘和箱盖。不进行奖励饲喂,在巢门口喂水。

(3)第一次加脾 约经过 9 天,首框子脾边缘出现大幼虫时,将隔板外快消耗完蜜粉的巢脾调到隔板内供蜂王产卵。每次加脾都是依次向外加(图 1-29),不加在子脾之间,也不加在内侧(靠保温室一侧)。冷区补加 1 框蜜粉脾。

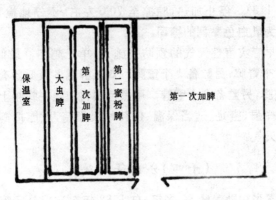

图 1-29　第一次加脾示意

(4)第二次加脾 约 7 天后,第一次加的巢脾有八成幼虫时,同样进行第二次加脾。

(5)第三次加脾(实际是调脾) 用几框蜂开繁,在越冬蜂更新时期只能保持几框子脾。如3框蜂开繁,这时只能保持3框子脾。所以,这时就不能再加脾扩大蜂巢,而应将第一框蜜蜂出房的子脾调前供蜂王再次产卵,等到越冬蜂大部更新后再加脾。给春繁群加脾要以内因(蜂脾关系)为主,外因(气候和蜜源)为辅,灵活运用。

2. 蜂群恢复期的加脾　经过45天左右的春繁,越冬蜂被当年培育的新蜂更替,蜂群进入以增殖蜜蜂为主的恢复期。只要蜂王已到靠隔板的边脾上产卵,隔板外附有蜜蜂,就迎着蜂王每隔3～5天向外加1框蜜粉脾。

蜂群内的子脾达到7框,卵脾、幼虫脾、蛹脾的比例达到1：2：4时,加上两侧的蜜粉边脾,一共达到9框时,转入分区管理。

3. 蜂群增殖期的分区管理　蜂群开繁45天后,新蜂更替了越冬蜂,群势不断壮大,发展到9框蜂时要及时加上继箱,扩大蜂王产卵。当蜂群发展到12框蜂时,在继箱的一侧用框式隔王板隔出2框的小区。小区下面用两层塑料纱封底,箱口上面盖上塑料纱,用图钉将塑料纱固定在框式隔王板的上梁上。然后将蜂王正在产卵的巢脾带蜂提到小区,再补加1个可供蜂王产卵的巢脾,使小区只保持2框蜂脾。以后每隔3天将小区中的卵虫脾与大区的空脾对调1次。将卵虫脾加在大区的边脾以内。分区管理不使用平面隔王板。

这时可以在大区生产蜂王浆。继箱分区管理不用另设育虫群,根据所需移虫数量调整产卵巢脾,就能有计划地培育出适龄幼虫。在蜂群增殖期,可利用辅助蜜粉源边繁蜂边产浆。

培养新蜂王时,可在巢箱用闸板隔出2框交尾群区,放入1框带蜂老子脾和1框带蜂蜜脾,诱入王台。交尾群区上面用两层塑料纱封住。交尾群区巢门开在蜂箱后壁(图1-30)。

4. 采蜜群的分区管理　在主要流蜜期较短(如刺槐花期)时,可采取缓调脾或不调脾,适当限制蜂王产卵;流蜜期超过20天,

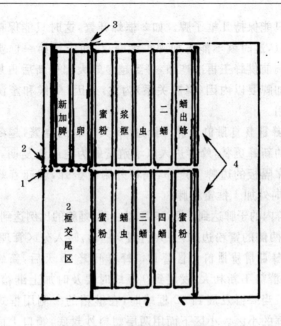

图 1-30　蜂群增殖期分区管理
1, 2. 塑料纱　3. 框式隔王板　4. 隔板

就不限制蜂王产卵。采蜜群的蜂巢布置见图 1-31。在巢箱可加 1 个巢础框，继箱里加几框空脾，使上、下两箱各有 8 个脾。

5. 适用于采蜜的 2∶7 分区管理　上述分区管理法在蜂群进入增殖期以后，每隔 3 天要将小区的卵虫脾与大区的空脾对调 1 次，管理频繁。采取 2∶7 分区可以简化管理手续。当蜂群发展到卵脾、幼虫脾、蛹脾第一次形成 1∶2∶4 时，及时培育第一批王台，在新蜂王即将出房的前一天，用闸板在巢箱一侧隔出 2 框交尾群区，内放 1 框带蜂封盖子脾、1 框带蜂蜜粉脾，同时给老蜂王的大区补加空脾和蜜粉脾，达到 7 个脾，形成 2∶7 分区，翌日给交尾区诱入成熟王台。

等到新蜂王交尾产卵，并出现封盖子时，将闸板换成隔板使

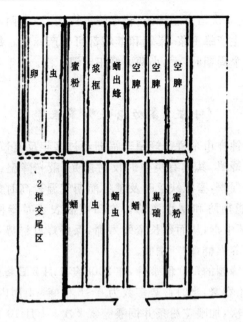

图 1-31 采蜜群分区管理

两区的蜜蜂互通,同时提出大区的老蜂王。翌日将新蜂王和 2 框子脾合并到大区,同时从大区选 1 框老子脾和 1 框蜜粉脾加入小区,换上闸板,组成交尾群。第二只新蜂王交尾产卵后,就完成了本年度的新老蜂王交替,2:7 分区都是新蜂王。加上隔王板和继箱,继箱里只放贮蜜用的空脾。以后每当大区的蜂王产卵 3 个周期(63 天)时,与小区的蜂王连脾带蜂互换。1 年交换 3 次,可使蜂王产卵量不下降,蜂群长期保持积极工作状态。

6. 适用于产浆的 2:5 分区管理 与上法的不同点是 2 框交尾群小区设在继箱的一侧,下部用塑料纱封严,上面用塑料纱钉在闸板上。巢箱用隔板分割成两个 5 框区,老蜂王在 5 框区产卵,对侧隔板外放蜜粉脾。巢箱和继箱之间加半面隔王板。与以上相同,通过 2 次培育新蜂王,将老蜂王淘汰,2∶5 两区都是新蜂王。在继箱生产蜂王浆,巢箱和继箱都可生产蜂蜜。每当 5 框区蜂王产卵 2 个周期时,大、小两区蜂王对调 1 次。1 年只需对调蜂王 3 次。

(十五)多功能保蜂罩养蜂

湖北省钟祥市东桥蜜蜂园李福洲经过多年反复试验,研制成了多功能保蜂罩,其具有炎热时反射阳光、蔽光降温、透气,春繁低温时保温促繁,蜜源缺乏时及越冬前期气温较高时控制蜜蜂无效飞翔,并能预防和制止盗蜂。农田喷洒农药时能控制蜜蜂空飞,防止农药中毒,从而延长蜜蜂寿命,保持蜂群群势,节省饲料,达到常年饲养强群,增产增收。

东桥蜜蜂园的 140 群蜜蜂,在 2008 年 1 月 2 日将蜂王从王笼中放出,开始春繁,当时群势多数为 4～6 框蜂。1 周内天气较好,防治蜂螨 2 次,加喂花粉条并饲喂糖浆 2 次。1 月 10 日天气开始变化下了第一场大雪,1 月 18 日下第二场大雪,1 月 25 日下第三场大雪,2 月 1 日下第四场大雪。连续 20 多天的大雪,用保蜂罩罩着的蜂群没有伤亡。2 月 4 日天气转晴,无风,气温为 10℃,打开保蜂罩晒箱,在雪后第二十五天首次放飞。全场只有 7 群蜂在保蜂罩内蜂箱前壁排泄过,其他蜂群都没有排泄。随机检查 1 个 6 框蜂的双王群已有 2.8 整脾蜂子,1 个 6 框蜂的单王群有 1.9 整脾蜂子,表明在 20 多天的暴雪低温下,保蜂罩下的蜂群繁殖基本正常。

保蜂罩由 4 层组成:表层是银白色反光膜,可把直射阳光返回 85%,减少罩内热量;第二层是红色冰丝层,在 25℃以上高温干燥时,人工洒到罩上的清水缓慢蒸发,可降低罩内温度,增加罩内湿度;第三层是碳黑塑料遮光层,可进一步遮光降温,保持罩内半黑暗状态,减少蜜蜂骚动;第四层是红色透明静蜂层,可把每层通气孔射进的光线进行红色滤波,因为蜜蜂是红色盲,可使爬出箱外的蜜蜂安静结团。保蜂罩的每层都有通气孔,热气向上蒸发,冷气由下侧流入罩内,空气在罩内循环流动,罩内的蜂群不致缺氧受闷。双排罩长 11.3 米、宽 3.7 米,可罩 2 排 40 个继箱群或平箱群,两排蜂箱背对背放置,中间留 60 厘米宽的通道;单排罩长 11.3 米、宽 2.7 米,可罩 1 排 20 个继箱群。罩蜂时将保蜂罩罩在蜂箱上,两边斜垂到蜂箱巢门前,用砖石等物压实边缘。罩好后向保蜂罩上泼洒清水,这样水分蒸发可降低罩内温度,使蜜蜂安静。开罩放蜂时,将箱前的蜂罩翻起放在蜂箱上。检查蜂群时,把保蜂罩翻起从一头向另一头卷过去即可。

利用多功能保蜂罩养蜂有以下优点。

一是可预防和制止盗蜂。盗蜂严重时可盗垮蜂场,还可传播疾病和蜂螨。蜂场发生盗蜂时,不管是本场蜂自盗,还是外场蜂来盗,每天用保蜂罩罩住蜂群控飞 12 小时以上,4～7 天就能平息盗蜂。在蜜源稀少时期,每天罩蜂 3～6 小时,就可预防盗蜂。

二是越冬期控飞可保强群。整个越冬期用保蜂罩罩蜂控飞可减少蜜蜂伤亡。到当地准备蜂群越冬时,将蜂王关入王笼挂在蜂群中,经过 21 天蜂子出完,防治蜂螨并补足蜜脾,傍晚蜜蜂停止飞翔后,将蜂群集中排列,用保蜂罩罩好。前期气温较高,每隔 2～4 天于下午掀开蜂罩放蜂。放蜂 2 次后,逐渐延长放蜂间隔天数,减少放蜂次数。越冬后期每隔 10～15 天开罩放蜂 1 次。

三是春繁期保温可防止蜜蜂空飞。春繁期寒流频繁、多雨雪,这时罩内比外界温度高 3℃～8℃,可避免冻死蜜蜂和拖弃幼虫。晴天温度较高时,如果还没有植物开花,每天罩蜂 12 小时以上,可控制蜜蜂空飞,延长蜜蜂寿命,保证蜂群正常繁殖。

四是炎夏可降温防暑。炎热夏季,将保蜂罩折叠后盖在蜂箱上,每天中午在保蜂罩上浇清水 1 次,能预防因高温干燥发生卷翅病和死蛹病。常年转地放蜂的蜂场,往往难以找到有树林荫蔽的放蜂场地,而保蜂罩表层是银白色反光膜,此时盖在蜂箱上,就解决了烈日暴晒蜂群的问题。

五是可预防蜜蜂农药中毒。农田喷洒农药时,用保蜂罩罩住蜂群控飞,天黑前2小时开罩放蜂,连续罩蜂几天即可避免蜂群农药中毒。

(十六)新老蜂王和平交替

浙江省义乌市专业养蜂户陈渊经过数年的实践,采用双继箱双隔王板隔离新老蜂王,成功实现了新老蜂王和平交替,不但保持蜂群正常生产,而且不影响蜂群群势。其做法如下。

将老蜂王和大部分子脾从巢箱提出,放入第二只继箱中。巢箱只留下1~2框封盖子脾和1框蜜脾,诱入1只人工培育的成熟王台。巢箱上加隔王板,上面加第一只继箱,里面放蜜脾和空脾3~4个。在第一只继箱上加第二块隔王板,其上加上第二只继箱。

巢箱是新蜂王交尾箱,中间的继箱是蜂王浆和蜂蜜生产区,最上面的继箱是老蜂王产卵区。等到新蜂王交尾成功并正常产卵后,就可以取出老蜂王,将上、下蜂巢合并,恢复蜂群原状。

采用这种和平交替的方法更换蜂王,原蜂王不停止产卵,蜂群群势始终保持旺盛。更可贵的是,万一新蜂王交尾时丢失,只要再补上1只成熟王台又可进行第二次换王。这种双继箱新老蜂王和平交替法,既省事又可靠。

在有荆条、椴树、棉花等夏、秋季主要蜜源的华北、东北和新疆地区,新蜂王产卵以后,可以采取上、下双王的饲养方式,给巢箱逐步添加空巢脾和巢础框扩大蜂巢,到主要流蜜期前夕再取出老蜂王,将上、下蜂巢合并,形成强大的生产群。老蜂王可以分别组成生产蜂王浆和雄蜂蛹的供虫群。总之,要因时因地制宜,灵活掌握。

（十七）多王群的组建和应用

多王群是指人工组成拥有 2 只以上产卵王的蜂群。

1. 组建方法　在蜂群中两只蜂王相遇时就要争斗，互相用上颚咬住对方，用螫针将对方刺死，因此人们发现，只要将蜂王的上颚剪去一部分，就可以避免伤亡。将在蜂群中已产卵 6 个月以上（或前一年）的蜂王两侧上颚剪去 1/3～1/2，注意不要损伤喙和触角，直接放入幼蜂群中组建多王群。具体步骤是：在蜜粉源丰富、天气晴暖的日子，从蜂群提出有蜜蜂正在出房的老子脾 2 框和 1 个蜜粉脾，放在一个空蜂箱内，再抖入 2 框蜜蜂，盖上箱盖，敞开巢门，放置在蜂场的后部，让大龄蜜蜂飞回原巢。待箱内只剩下幼蜂，就将剪颚的同龄产卵蜂王数只，放进幼龄蜂群的子脾上组成多王群，数只蜂王可在同一巢脾上产卵。生产蜂王浆移虫时，需要大量同龄的幼虫，多王同巢群可作供虫群，能有大面积的幼虫脾。

2. 饲养管理　多王群组建初期，蜂群比较弱，蜂王因剪颚处理和多只蜂王之间相互"磨合"处于应激状态，可出现产卵量下降甚至停产的现象。约 1 周后，蜂王可恢复正常产卵，此时可从大群提出正在出房的子脾补给多王群，使群势达到并维持在 5～6 足框蜂。保证蜜粉饲料充足，注意防止发生盗蜂。将多王群放在蜂场的后方，避免其他蜂群的蜜蜂飞入，避免围王和引起蜜蜂斗杀。

3. 应用　金水华、胡福良、朱威等人组建的 3 王群和 5 王群的平均产卵力（总幼虫数量）分别为 1 757 只和 2 893 只，分别是单只蜂王平均产卵力（788 只）的 223％ 和 367％。多王群产卵多而集中，可作为提供卵虫脾的补助群，加快蜂群春繁的速度，也可维持强群群势，防止发生分蜂热。用框式隔王板在蜂箱一侧隔出 1 框的多只蜂王产卵区，把 1 日龄、2 日龄、3 日龄卵脾和 1 日龄幼虫脾放在隔王板另一侧作为孵化区,每天可从孵化区提出 1 框 1 日龄幼虫脾用于生产蜂王浆移虫,同时用空脾换出产卵区的 1 日龄卵脾,放入孵化区。在生产雄蜂蛹时,让多王群在雄蜂脾产未受精卵。

4. 越冬管理 繁殖越冬蜂时期,停止提供卵虫,抽出框式隔王板使蜂王自由产卵。如果群势弱,要用老子脾补助,达到蜂脾相称,补足越冬饲料。多王群在越冬期不用王笼将蜂王分别关闭,可让蜂王自由活动。

由于蜂王和工蜂的分化,蜂王产卵力极大地提高,蜜蜂已进化成单王群生活。人为组成的多王同巢群,虽然剪去了它们的部分上颚,蜂王还是时常发生争斗,一般是只剩下 2 只蜂王同巢。多王群管理不方便,要经常补助幼蜂和饲料,不能提高蜂蜜产量,需要继续研究。

(十八)春炼抗逆饲养技术

河南省科技学院蜜蜂研究所张中印和河南省长葛市怡盛蜂业有限公司李俊宪等人通过调研分析和生产实践,总结出一套蜜蜂春炼抗逆饲养技术,能较好地控制春季爬蜂综合征和白垩病的发生,为健康饲养强势蜂群、提高蜂产品产量、增加效益奠定基础。该饲养技术的核心是,在早春蜂群繁殖时,让蜂群进行适当耐寒锻炼,控制蜂群平稳发展,使蜜蜂健康抗病,形成强势蜂群,增强蜂群生产力。全套技术包括场地选择、蜂群摆放、蜂脾比例、饲料供应、炼蜂措施、加脾技术、蜂蜜生产、控制蜂巢、蜂王管理、疾病预防、蜂群运输和恶劣气候条件下的应急措施等。这套技术已在河南、湖北、山西等省的 100 多个蜂场进行了生产实践,增产效果显著。现将技术重点介绍如下。

1. 蜂脾比例 早春按蜂群强弱留脾 2～3 张,蜂路 12～15 毫米,蜂脾比约为 2:1,以蜜蜂盖住巢脾,并且在隔板外和副盖下有蜜蜂聚集为宜。

2. 饲料供应　上一年秋季，即在繁殖越冬蜂前（河南省为 8 月下旬），将越冬饲料喂至 8 成；在繁殖越冬蜂过程中，奖励饲喂；在越冬蜂全部羽化前将饲料喂足，包括翌年春季蜜蜂繁殖所需的饲料。要求花粉充足，外界没有大量花粉时，坚持饲喂花粉糖饼。坚持箱内喂水。

3. 炼蜂措施　在正常春季天气时，在蜂巢后缘上部折叠覆布一角通气，折叠的大小根据蜂群强弱确定，3 脾蜂大约折 45 毫米。寒流时将覆布折叠一半，加大通气量冻蜂。这时如果蜂群不缺水，有蜜蜂向巢外飞翔，可将覆布大部分折叠，扩大通风。为了避免蜂巢温度剧烈波动，可用稻草垫在箱底，用草帘围在蜂箱侧、后面；铁纱副盖上盖上覆布。

4. 加脾技术　春季第一批新蜂出房后 7 天左右（开始繁殖后 30 天），添加第一张巢脾，约 10 天后加第二张巢脾。在油菜开花泌蜜 1 周后，加继箱，里面一次加 4 张空脾。这时巢箱留有 4～5 张脾。第一次分离油菜蜜后，给继箱添加 1 张空脾，在巢箱加 1 个巢础框。直到油菜花期结束，上、下体分别保持 5～6 张脾。

5. 蜂王管理　在刺槐花期或荆条花期培养新蜂王，保证新蜂王比现有蜂王多 25%，及时淘汰老劣蜂王。

八、良种繁育技术

良种繁育是选择和引进优良蜂种，通过人工培育蜂王和人工分蜂来提高蜂群的品质及生产性能。人工分蜂技术在分蜂控制技术中已有介绍。

（一）人工育王

蜂王的遗传性及产卵力对蜂群的品质、群势、生活力和生产力有很大的影响。人工育王能够按计划要求的数量和时期培育蜂王,可以选用种群中一定日龄的幼虫或卵来培育,能与良种繁育工作相结合,可为蜂王的胚胎发育创造最适宜的条件。

1. 时间和条件　蜂群在当年培育的新蜂完全更换了越过冬的老蜂,进入发展壮大时期以后,就可以准备进行人工育王。北方地区以在初夏白天气温稳定在 20℃以上、有蜜源时,特别是在有丰富粉源时进行。这样,既可以保证蜂王的质量,又可利用新蜂王及早更换衰老的蜂王,有当年蜂王的蜂群不会发生自然分蜂。利用早期培育的新蜂王实行人工分蜂,经过 45 天的增殖,就可以发展成强群,采集中晚期蜜源。初秋,在最后一个主要蜜源初期培育蜂王,新王群可以培育大量越冬蜂,对于蜂群安全越冬及翌年蜂群的发展都有利。长江中下游一带,以在油菜蜜源后期和紫云英花期育王为好。培育优质蜂王的条件如下。

(1)天气温暖、气候稳定　处女王交尾期间,白昼气温应在20℃以上,力求避开连续阴雨天气。

(2)有蜜粉源　育王期间自然界应有良好的蜜源,而充足的粉源更重要。每天傍晚应对种蜂群和育王群进行不间断的奖励饲喂。

2. 准备工作　在进行人工育王以前,需要认真做好下列准备工作。

(1)选择父母群　通过考察,选择蜂蜜或蜂王浆产量超过全场平均产量以上、分蜂性弱、群势发展快的健壮无病蜂群作为父母群。以父群培育雄蜂,用母群的幼虫培养蜂王。在人工培育蜂王时,1 个母群可以提供成千上万条雌性幼虫,同样 1 个父群也可以哺育出数千只雄蜂。如果每年都使用 1～2 群种群培育处女王和雄蜂,全场蜂群就会形成近亲繁殖,使生产力和生活力下降。因此,要选择和使用多个蜂群作父群和母群,并且定期从种蜂场引进同一品种不同血统的蜂王(或者蜂群)。

(2)**培育种用雄蜂** 雄蜂的数量和质量直接关系到处女王的交尾成功率,还关系到受精效果,进而影响子代蜂群的品质。因此,必须在着手人工育王的20天前开始培育雄蜂。为培育种用雄蜂,需事先准备好雄蜂脾,也可将巢脾下部切除一部分,插在强群中修造成雄蜂脾。为保证交尾质量,按1只处女王比50只雄蜂的比例培育雄蜂。

蜂王的发育从卵到羽化成虫约需16天,达到性成熟需5天左右,共计21天。而雄蜂从卵到羽化成虫为24天,出房到性成熟约需12天,共计36天。因此,必须在人工育王前20天左右开始培养雄蜂,才能使雄蜂和处女王的性成熟期相适应。通常可在种用雄蜂开始大量出房时,着手移虫育王。同时,将场内其他蜂群的雄蜂和雄蜂蛹全部消灭。

(3)**准备育王群** 育王群是用来哺育蜂王幼虫和蛹的强壮蜂群。应选择无病、无蜂螨、群势强壮、至少有15框蜂以上的蜂群作育王群。在移虫育王的前一天把其蜂王和全部带蜂未封盖子脾提入一新蜂箱,放在原群旁;原群有6~8个脾(包括封盖子脾和蜜脾、粉脾)组成无王的育王群,做到蜜蜂密集,多的巢脾抖落蜜蜂,加到分出的有王群中。对育王群每晚饲喂0.5~1千克糖浆。

也可以用有18~20框蜂加继箱的有老蜂王的蜂群作育王群,在巢箱和继箱之间加上隔王板,把蜂王限制在巢箱内产卵,继箱中央放一框小幼虫脾,一侧放一花粉脾,其余放封盖子脾,外侧放蜜脾。有王群对移植幼虫的接受率没有无王群高,但是对于封盖王台护理得较好。

3. 移虫育王的工具 移虫育王使用的工具有移虫针、育王框、蜡碗棒和蜡碗等(图1-32)。

移虫针是用来将小幼虫移植到王台碗内的工具,可用粗铜丝或者鹅毛管自制,一头呈扁薄的尖舌状,另一头呈弯匙状。带弹

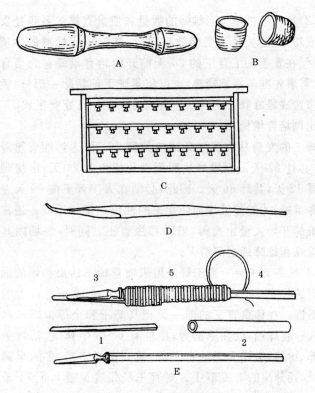

图 1-32 移虫育王的工具
A. 蜡碗棒 B. 蜡碗 C. 育王框 D. 鹅毛管移虫针 E. 弹力移虫针
1. 移虫片 2. 塑料管 3. 推虫杆 4. 弹簧 5. 塑料丝

簧的移虫针使用方便。

　　育王框是安放王台的框子。可用标准巢框改制,其上、下框梁和侧板的宽度相等,均为 13 毫米左右。框内等距离地横着安装 3 条宽 10 毫米的板条。

　　蜡碗棒是蘸制蜡碗的木棒,长 100 毫米,蘸蜡碗的一端十分圆滑,距端部 10 毫米处直径 8~9 毫米。

蜡碗是培育蜂王的王台基,用蜡碗棒蘸熔化的蜂蜡制成。把蜡碗棒放入冷水泡一段时间,取出甩去水,垂直插入熔蜡中约 10毫米深处,取出稍停,如此反复蘸 2～3 次,一次比一次蘸得浅一些。然后将它放入冷水中冷却后取下。制成的蜡碗口薄底厚,里面光滑无气泡。也可以使用塑料王台。

此外,还要准备毛巾、脸盆、蜂王浆等。蜂王浆可临时从自然王台取得,也可预先收集保存在冰箱内,使用时加 1 倍温水把蜂王浆调稀。

4. 移虫方法　移虫育王可以有计划地培育出需要的数量、成熟期一致的处女王。首先在育王框的板条上粘上 2～3 层巢础条或者按相等距离用熔蜡粘上小三角形薄铁片,其上粘 7～10 个蜡碗,3 条共粘 20～30 个蜡碗。放入育王群中,让蜜蜂清理 2～3 小时,取出,用蜂扫扫去蜜蜂,在每个蜡碗内滴上 1 滴稀释的蜂王浆或者蜂蜜,即可进行移虫。

最好在清洁、明亮的室内移虫,室内温度保持在 25℃～30℃、空气相对湿度 80%～90%。如果湿度不够,可在地面洒水。气温在 25℃以上没有盗蜂时,可在室外的阴凉处移虫。

从母群提出 1 框小幼虫脾,扫净蜜蜂拿去移虫。先把粘有蜡碗的板条并排放在桌上,用清洁的圆头细玻璃棒或者细竹棒,在经过蜜蜂清理的蜡碗里滴上米粒大小的稀蜂王浆,然后移虫。移虫要从幼虫的背部(凸面)一侧下针,把针尖插入幼虫和房底之间,将幼虫挑起,放在蜡碗里的蜂王浆上。幼虫十分娇嫩,移虫的动作要轻稳、迅速,1 条幼虫只允许用移虫针挑 1 次。移完虫的板条用湿毛巾盖上,再移第二条。把移完虫的板条装到育王框上,加在育王群内幼虫脾和花粉脾之间。

5. 移虫后的管理　育王群中加入移虫的育王框后,连续在傍晚进行奖励饲喂。第二天检查幼虫是否被接受。已被接受的幼虫,其王台加高,王台中的蜂王浆增多,幼虫浮在蜂王浆上;未被接受的,其王台被咬坏,王台中没有幼虫。如果用无王群育王,这时把育王框转移到有王育王群的继箱中,同时把无王育王群与原群合并。如用有王育王群育王,第六天王台已经封盖时检查封盖王台情况,淘汰小的、歪斜的王台。统计可用王台的数量,以便组织需要数量的交尾群。

6. 利用大卵培育蜂王　试验证明,初生体重超过 200 毫克的大蜂王,其一对卵巢的卵巢管数量多,具有较强的产卵能力。并且证明,采用较大的蜂卵,可以培育出体重大的蜂王。把选出的母群蜂王关在蜂王产卵控制器内或者把母群饲养在 3～5 框的小群内,限制其产卵,1 周后就能得到较大的蜂卵。等大蜂卵孵化成幼虫时,用其 24 小时以内的幼虫人工培育蜂王。

蜂王产卵控制器(图 1-33)是用塑料制作的,内围长 457 毫米、宽 54 毫米、高 244 毫米,刚好能放入 1 个标准巢脾。使用方法:在移虫育王前 12 天,于蜂王产卵控制器内放入 1 个几乎没有空巢房的封盖不久的蛹脾,并将蜂王放在该脾上,盖上控制器的盖板,将其放在蜂群内巢箱的中部。蜂王在器内产卵受到限制,到新蜂陆续出房以后,蜂王才逐渐产卵。在育王前 4 天,提出控

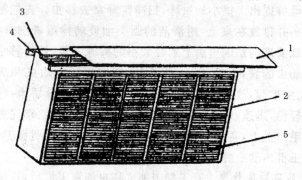

图 1-33　蜂王产卵控制器

1. 盖板　2. 器体　3. 搁巢脾槽　4. 悬挂耳　5. 隔王栅

制器内的子脾，放在蜂群内由蜜蜂抚育，翌日就可得到由大卵孵化成的 1 日龄幼虫。

在生产蜂王浆时，将蜂王控制在一个巢脾上产卵可获得适宜日龄的、供移虫用的幼虫。蜂王产卵控制器还可用于生产雄蜂蛹。

（二）交尾群的组织和管理

交尾群是为新蜂王生活的小蜂群。组织交尾群的时间，是在移虫后的第十天或王台封盖后的第七天。

组织交尾群，先要准备好交尾箱，可以用 2～3 块闸板把标准蜂箱严密地分隔成 3～4 个小区，每一小区开一个 30 毫米长、8 毫米宽的巢门，巢门开在不同的方向（图 1-34）。同方向有两个同样的巢门，处女王婚飞返巢时会误入他巢，造成损失。巢门前的箱壁最好涂以黄、蓝、白等不同的颜色，以便蜂王识别自己的蜂巢。在交尾箱的每一小区放 1 框带幼蜂的封盖子脾、1 框蜜粉脾，组成交尾群。

获得带幼蜂的封盖子脾的方法是：准备 1 只蜂箱，从每个强群提出 1～2 框封盖子脾，放入箱内，1 箱放 8 个带蜂封盖子脾，盖好箱盖，把蜂箱放到远离其他蜂群的地方。经过几个小时，飞翔蜂飞回原巢，封盖子脾上留下的大部分是幼蜂。

翌日检查蜂群，割除急造王台，然后诱入成熟王台。采用铅丝绕制的王台保护圈诱入

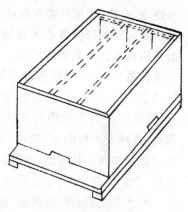

图 1-34　三区交尾箱

王台最安全。圆锥形王台保护圈的下口有个圆筒状的小饲料筒，蜜蜂不能从下口进入，因为蜜蜂在破坏王台时是从王台侧面咬破

王台壁,然后将蜂王蛹刺死。王台保护圈正好护住了王台的侧壁。交尾群的覆布直接盖在巢脾的上框梁上,然后盖上副盖和大盖,使相邻交尾群的蜜蜂完全隔绝,以免蜜蜂串通互咬。交尾群放在远离其他蜂群、周围空间开阔和有明显标志的地方,相邻两个交尾箱之间相距 2 米以上,并朝不同的方向放置。

在移虫后的第十一天,即处女王羽化出房的前一天,把王台分别诱入交尾群。交尾群的蜜蜂少,调节和保持蜂巢温度的能力弱,不宜提早诱入,以免延迟蜂王出房的时间。从育王群提出育王框时,不能倒放和抖落蜜蜂,可用喷烟器少量喷烟,驱散王台周围的蜜蜂,用蜂扫把蜜蜂扫净。在温暖的室内,把粘在板条上的王台切割下来,或把王台下的三角铁片割下来,淘汰细小、弯曲的王台,把粗壮、正直的王台分别用王台保护圈诱入,或把王台直接粘在交尾群子脾的中上部。

诱入王台的第二天,检查蜂王的出房情况,淘汰死王台和质量不好的处女王,立刻给交尾群补入备用的王台。为了不妨碍蜂王婚飞、交尾,尽量不要开箱检查交尾群,可通过箱外观察了解情况。若发现巢门前有小团蜜蜂互咬,或有少量被咬死的蜜蜂,就要开箱检查。如果蜂王被围,立刻解救。蜂王如没有受伤,可把它放回巢脾,如已经受伤就不再保留。对于无蜂王的交尾群,可以再诱入 1 只王台,或与相邻的交尾群合并。在天气正常情况下,处女王一般在出房后 5～7 天交尾,在 10 天左右开始产卵。因此,在诱入王台的 10 天后,全面检查各交尾群蜂王的交尾、产卵情况。如果不是低温、连续阴雨天的影响,超过 15 天仍然没有交尾、产卵的处女王,即应淘汰。

对于交尾群要做好保温、遮阳、防止盗蜂的工作,保持饲料充足。交尾群的群势弱、幼蜂多,一旦发生盗蜂,它们没有防御能力,容易发生蜂王被围而受到伤亡。在缺乏蜜源时,更要注意预防盗蜂,将巢门缩小到只容 1～2 只蜜蜂出入。饲料不足时,补充蜜脾。

对于已产卵1周左右的新蜂王,再挑选1次,把产卵多、产卵圈(产卵面积)大的蜂王用来人工分蜂或更换老蜂王。淘汰产雄蜂卵和产卵少的蜂王。

(三)蜂王的贮存

养蜂场贮存一些备用蜂王,可以随时更换衰老的、受伤的蜂王,也可以随时补充丧失的蜂王。最方便的方法是在交尾群内贮存蜂王。当交尾群里的新蜂王产卵1周左右,把它关入长方形的铁纱王笼里,镶嵌在交尾群的子脾上。同时,再给该群诱入1个成熟王台。

在强群的继箱里也可以采取类似的方法贮存蜂王。把该群蜂王用隔王板限制在巢箱内,然后将关有产卵王的铁纱王笼镶嵌在继箱里靠中央的巢脾上。在蜜蜂活动季节,1个强群可以贮存10余只产卵蜂王。

九、笼蜂的饲养和生产技术

笼蜂是只有蜜蜂、不带巢脾和蜂箱、装在纱笼中出售(或运输)的蜂群。欧美养蜂发达国家的蜜蜂繁殖场出售的笼蜂是按蜜蜂的重量(磅)计算的,所以过去称为磅蜂。蜜蜂繁殖场和育王场大多设在南方有春季蜜源的地方,主要在3～5月份出售笼蜂给北方饲养。例如,美国南方的5个州有200家专业蜜蜂繁殖和育王场,每年可供应美国北方和加拿大50万笼笼蜂和100多万只蜂王。近40年来,意大利、法国、新西兰、澳大利亚、墨西哥及苏联等国家都先后建立了供应笼蜂的蜜蜂繁殖场或种蜂场,对养蜂业发展起到了重要作用。在北方饲养笼蜂,大多采取饲养一个养蜂季节(6个月左右),到秋季采完蜜以后将蜂群杀死。这样,既节约了蜂群越冬的饲料蜜,提高了蜂群的单产(每群蜂的产量),又省去了半年的人工管理费用。加拿大饲养蜜蜂 50 万~60 万群,只留一半蜂群越冬,每年春季从美国、新西兰、澳大利亚、墨西哥等国进口笼蜂 20 万~30 万群。1990 年,加拿大养蜂 52.5 万群,产蜜 31 000 吨,平均单产 59 千克,是世界蜂蜜平均单产最高的国家之一。

我国南方春季有油菜、紫云英、蚕豆等丰富的蜜粉源植物,气候温暖,有利于蜂群的繁殖,是理想的生产笼蜂的地方。北方蜂群越冬时间长,饲料消耗多,蜜蜂越冬死亡率高,但是夏季主要蜜粉源植物丰富,如饲养笼蜂,有利于夺取蜂产品的高产。笔者在 1982~1984 年的试验证明,在四川省 1 月初的 5 框蜂(1 千克重的蜜蜂)左右的蜂群,到 3~4 月份可以提供出售 1.5 千克的笼蜂 2~3 笼,其收入高于当地同样蜂群生产蜂蜜和蜂王浆的经济收入 1 倍以上。在北方 3~4 月份购入笼蜂饲养,其蜂蜜和蜂王浆的产量相当于或略高于当地越冬的中上等蜂群,增加产值 18%~78%。除去蜂群的越冬饲料蜜和 6 个月的人工管理费用,纯收入比越冬蜂群高得多。

(一)笼蜂的用途及生产和饲养条件

1. 笼蜂的用途

(1)供北方养蜂场饲养 北方的养蜂场春季从南方购买笼蜂,过入蜂箱饲养,生产蜂蜜、蜂王浆、蜂花粉等产品,秋季无蜜源时将蜂群杀死,还可以取得蜜蜂蛹。将蜂箱、巢脾、养蜂用具清理消毒以后,妥善保存备用。这种饲养方法可以节约蜂群越冬饲料蜜 20 千克左右,提高了蜂蜜的产量,还省去了 6 个月管理蜂群的工作。这是欧美国家普遍采用的方法。

(2)加强弱群和无王群 北方越冬的部分蜂群,由于饲料不佳、管理不善等种种原因,越冬以后,群势削弱到难以独立生存,或者丧失了蜂王,此时可将笼蜂与它们合并,使它们在大流蜜期到来时能够投入生产。

（3）推广良种　出售笼蜂的蜂场必须保证质量,必须是蜂蜜、蜂王浆高产的蜂种,以青年蜂为主,蜜蜂健康无病害。南方的种蜂场将蜂蜜、蜂王浆高产良种或者将选育的抗病蜂种以笼蜂的形式推广。

（4）辅助强群长途运输　在炎热季节,经过3～7天的长途运输,蜂群容易受闷死亡。如果采取开巢门运蜂的办法,会有部分蜜蜂飞失,使蜂群削弱,同时影响车站作业的安全。在起运蜂群以前,可以从强群分出一部分蜜蜂,放入1个王台,装笼运输,到达目的地以后除去处女王再与原群合并。这样,既可以保证蜂群长途运输的安全,又能防止蜜蜂飞出。

（5）为农作物授粉　利用笼蜂给植物授粉是一项有效的增产措施。1983年3月份,在安徽省砀山一果园,用10笼笼蜂给砀山梨授粉,结果证明蜜蜂授粉比人工授粉使梨增产10％～20％,同时节省了大批劳动力。

（6）南北合作　南方和北方的养蜂场互助合作或联营从事笼蜂饲养是理想的办法。这样,可以减少蜂群在北方越冬、在南方越夏的损失和蜂蜜的消耗,并且节约非生产期的人工开支。

2. 生产与饲养笼蜂的条件　生产笼蜂的蜂场除了要在蜜源植物丰富的地方建立场址以外,还需掌握蜜蜂良种繁育技术,不断选育高产、抗病蜂种;掌握人工育王技术,及时培育出大量的优质蜂王;掌握蜂群的快速繁殖技术,使蜂群尽早、尽快地发展壮大,以便及早供应、多供应笼蜂。

饲养笼蜂的地方,同样需要具有1个以上的主要蜜源和丰富的辅助蜜粉源。由于笼蜂是不带蜂箱和巢脾的蜂群,所以必须预先准备好蜂箱、巢脾、巢础框和饲料（糖、蜂蜜和花粉或者花粉代用品）。购入笼蜂以前,要掌握笼蜂的运输、过箱和饲养技术。

（二）蜂笼的构造

装运蜜蜂的蜂笼，通常是用木板钉成长方形四框，两面钉上铅丝纱制成的。长度不超过440毫米，高度不超过240毫米，宽度不超过160毫米。可以放入标准蜂箱内，以便过箱操作。蜂笼的上、下和左、右四面用10～12毫米厚木板钉成，顶板正中开一个直径100毫米左右的圆洞，以供放饲料罐或饲料罩，同时也是装进蜜蜂的入口。如果采用蜂蜜等液体饲料，即在此处安装饲料罐；采用炼糖等固体饲料时，在此处安装饲料罩。饲料罩用8～10目铅丝纱制作，直径95毫米、高100～130毫米，罩口有15～20毫米的外缘。

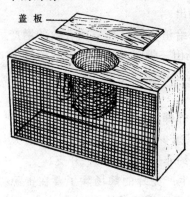

盖板

图 1-35 蜂 笼

蜂笼的大小根据装蜂多少而定。装1.5千克蜜蜂的蜂笼，外围长440毫米、高240毫米、宽160毫米。每增加或减少0.5千克蜜蜂，蜂笼的长度和高度不变，宽度增加或减少20毫米。然后在四框的前、后两面钉上铅丝纱，铅丝纱要卷边，用鞋钉钉严密，不能让蜜蜂钻出（图1-35）。在顶板的圆洞一侧锯一条长10毫米的锯缝，旁边钉一小钉。在这里用铅丝吊着固定邮寄蜂王笼。

圆筒蜂笼是用瓦楞纸或纤维板制造的，长350～400毫米，大头口径200毫米，小头口径180毫米。筒内安1个"Z"形铅丝纱网，在其中部捆扎饲料罐和蜂王笼，让蜜蜂攀附在铅丝纱上。蜂筒两头安装铅丝纱网和由数根25毫米宽的通风鳍片组成的塑料筒塞，以防止蜜蜂飞出和防止通风不畅（图1-36）。

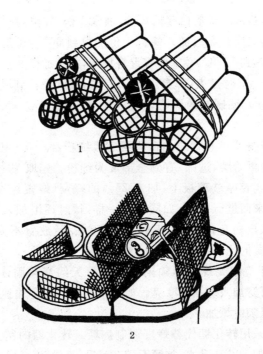

图1-36 圆筒蜂笼

1. 捆扎在一起的蜂笼,最上面的装有通风鳍片

2. "Z"形铅丝纱网上捆扎着饲料罐和蜂王笼

(三)饲料的配制

空运笼蜂使用固体饲料,铁路或卡车运输使用液体饲料。

1. 炼糖 笼蜂运输期间的饲料与邮寄蜂王使用的炼糖相同。配制的炼糖软硬度和含水量要适宜,以在15℃时不干不硬,在37℃时不流动为宜。用优质的白砂糖和蜂蜜配制。普通粉状白糖含有微量的矾,红色原糖含杂质多,均不宜做炼糖。更不能用有铁锈或含病菌的蜂蜜配制炼糖。

（1）**加热法** 优质白砂糖 2 份，加水 1 份，加热，搅拌，使糖完全溶化，用双层纱布过滤。蜂蜜 1 份加热到 60℃，过滤。将清洁的糖汁加热到 112℃，兑入蜂蜜混合均匀，继续加热并且不停地搅拌，直到 118℃时撤火，降温至 70℃左右，继续搅拌到成为乳白色的糖团为止。调制好的炼糖装入容器、密封，置于凉爽、干燥处贮藏。

（2）**研磨法** 将优质白砂糖研磨成细粉，经 80～100 目细筛筛过，粗粉再研磨、过筛，直到全部成为细粉。先取 70％的糖粉，放在案板或者厚玻璃板上，加入 25％的蜂蜜（蜂蜜经过加热、过滤），然后来回进行揉搓，如同和面一样，揉时逐渐加入剩余的糖粉，直到揉成白色的糖团，不软不硬、不粘手，放置不变形为止。糖粉和蜂蜜的比例约为 4：1。

1.5 千克的笼蜂在运输期间平均每天约消耗固体饲料 100 克，通常每笼加入炼糖 500 克。如果个别蜂群在运输途中吃完了饲料，可以随时添加。

可以采用转化糖代替蜂蜜调制炼糖。转化糖的制法是：1 千克白砂糖加 800 毫升水，加酒石酸 3 毫升，煮沸 30～45 分钟。

2. 液体饲料 利用火车、卡车、轮船运输笼蜂，使用液体饲料效果好。将蜂蜜装入玻璃瓶或马口铁听内，盖上钻 2～3 个小孔，盖朝下倒放于蜂笼顶板的圆洞里、固定好。空运笼蜂时不能使用液体饲料，因为飞机飞行时气压变化大，容易使瓶内的蜂蜜流出。

（四）笼蜂蜂王的培养

笼蜂使用的蜂王，在保证质量的前提下，预先按需要数量做好计划，按计划培养，以便能够及时地满足供应。我国饲养笼蜂还处于推广阶段，销售笼蜂一定要注重信誉，保证蜂王是人工培育的当年或日龄不超过 6 个月的产卵王，符合种性要求，蜂王产卵力强,其后代蜜蜂采集力强,分蜂性弱,有较强的抗逆性和抗病力。为了在3月份能够提早供应笼蜂,需提前1个月培育蜂王,提前45天培养雄蜂。这时由于气温低、蜜源少、蜂群还没有进入发展强盛时期,人工育王有困难,需要在上一年秋季培养一批蜂王,贮存起来,在供应第一批笼蜂时应用。4月份及以后供应的笼蜂,使用当年培育的蜂王。培育蜂王的数量,按提供笼蜂的多少有计划地进行安排。培育蜂王时,移虫的数量要比需要蜂王的数量多1倍左右,因为移虫的接受率为80%～90%,处女王交尾成功率在50%～80%,蜂王产卵以后还要淘汰一部分。

(五)笼蜂的生产技术

生产笼蜂的工作应在前一年的秋季开始,除去培养一批蜂王以外,还要彻底治螨,培育健康的越冬蜂,做到强群越冬。在南方冬季气温比较高、有蜜粉源的地方,采取有效的技术措施,才能促进和加速蜂群的发展。

四川省泸州地区12月份和翌年1～2月份的月平均气温为7℃～9℃,白天最高气温经常在10℃以上、有时达到15℃左右,这时有蚕豆、油菜蜜粉源。吴永中根据当地的气候、蜂群和蜜源条件提出了一套"两密两稀"的早春蜂群快速繁殖法,可使蜂群尽快发展强壮。具体做法是:在12月底或翌年1月初检查蜂群,了解并详细记录蜂群的情况,将3框蜂以上的蜂群列为大群,3框蜂以下的列为小群。小群组成双王群,采取双群同箱的管理方法,可以2群群势相当,也可以一强一弱。提出巢内空脾使蜜蜂密集,即第一次"密"。3～4框蜂的单王群留2个脾,放于箱内中央,两侧加隔板和保温物(保温框或草卷),盖布上加盖20张草纸,既保温又吸潮。蜂箱巢门留10～15毫米宽,面朝南或西南,背靠墙;各蜂箱之间间隔10～15厘米;箱底垫10厘米厚干草,箱背后和各箱之间空隙填上干草;箱上盖草帘和塑料薄膜。晴天翻晒保温物。双王群的中间闸板要十分严密,2 群的蜜蜂不能在箱内互通;闸板两侧的 2 个群各留 2 个脾,巢脾紧靠闸板和外侧隔板,使蜜蜂集中在 2 脾之间的一条蜂路内,箱内外保温与上述相同。

紧脾当天傍晚开始喂蜂,在 3 天内喂足,使每个脾上有 500 克以上的饲料贮备。以后每天进行奖励饲喂牛奶糖浆。500 克白砂糖用 250 毫升水加热溶解,再加 250 毫升牛(羊)奶和 1 克食盐,晾温后饲喂。奖励饲喂不间断,开始时小群每次喂 50 克牛奶糖浆,以后逐日增加 10%。寒潮期可在早、晚各喂 1 次。

8～10 天以后,巢内有整框子脾时开始加脾。第一次加空脾时加在蜂巢中央。4～5 天后第二次加脾,加在最外侧巢脾的里面,以后再加脾时同样加在此位置。同时,将新封盖子脾调到外侧,把老封盖子脾调到中间,新蜂出房后蜂王能在其中产卵。经过几次加脾以后,每脾上的蜜蜂减少到七成蜂左右,但是子脾数量增加了,这是第一次"稀"。当蜂群发展到占用 8～9 个脾时,暂缓加脾,这时采用割开子脾上的蜜房封盖和调动巢脾的办法扩大蜂王产卵面积。由于蜜蜂大量出房,蜜蜂数量增加,逐步达到蜂脾相称(平均每个巢脾有 2 500 只蜜蜂)或蜂多于脾(每脾有 2 500 只以上蜜蜂),达到第二次"密"。当群势发展到 9 框蜂以上时,加上继箱,调到继箱 1 个蜜脾、2 个子脾,并补加 2 个空脾,巢箱也补加 2 个空脾。经过这样处理,巢脾上的蜜蜂又稀了,即第二次"稀"。但是巢内有 6～8 个子脾,新蜂陆续出房,青幼年蜂多,哺育力强,同时气温已经升高,蜜粉源增多,可以进一步促进蜂王产卵,为笼蜂培育提供大量的蜜蜂。

(六)签订购销合同

饲养笼蜂一般集中在 3～5 月份,需要事先预订,与供应场签订购销合同,明确笼蜂的规格,包括每笼蜜蜂的重量、饲料数量、蜜蜂品种、是否要蜂王、产卵蜂王的数量等,以及笼蜂的数量、交蜂日期、价格、定金、运输方法和其他事项等，以便双方做好各项准备工作。购买笼蜂需多买 5%～10% 的蜂王，以防蜂王的意外损失。交蜂日期越早，价格越高。为了补强削弱的越冬群，也可以订购不带产卵王的笼蜂。为了运输安全，可以放入 1 个王台。

（七）装　笼

根据交蜂日期，事先准备好用具、饲料，按步骤将蜜蜂装入蜂笼。

1. 用具　有蜂笼、蜂王邮寄笼、饲料罩或饲料罐、台秤、铁钉、铁纱、钉锤、钳子、抖蜂漏斗等，现重点介绍抖蜂漏斗。

抖蜂漏斗（图 1-37）用镀锌铁皮制作，也可以用塑料薄膜制作。

大量装笼时，在一空继箱下钉上一块隔王板，箱下连接一个上口与继箱同样大的漏斗，既可提高抖蜂效率，又可避免将蜂王和雄蜂装入蜂笼。

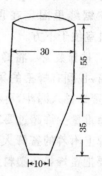

图 1-37　抖蜂漏斗
（单位：厘米）

2. 运输工具　事先与有关交通运输部门联系，落实运输工具和时间。

3. 装笼时间　流蜜期装笼要在蜜蜂大量出巢采集以前进行，以免蜜蜂到达目的地以后失重太多。在蜜源缺乏时，容易发生盗蜂，装笼工作困难，装笼时间需安排在清晨或黄昏、蜜蜂很少飞翔时进行。一旦发生盗蜂，立刻停止，等蜜蜂安静后再继续。

4. 蜂笼称重　预先将蜂笼称出重量，记录于笼蜂登记卡上（图 1-38）。

5. 装蜂王 打开蜂王邮寄笼上的铁纱,在饲料室内装上炼糖,上面覆盖一层塑料薄膜,防止炼糖干燥或者潮解,再将铁纱固定好。将蜂王和 7～10 只蜜蜂从蜂王笼侧面的圆孔装入,用软木塞或蜂蜡把出入孔塞住,称出重量。用铅丝将蜂王笼从蜂笼的圆孔放入笼内,铅丝卡在锯缝里固定在顶板上,使饲料室位于下方。

编　号	_____
笼重(克)	_____
蜂王笼重(克)	_____
饲料重(克)	_____
装笼日期 _____年___月___日	

图 1-38　笼蜂登记卡

6. 抖蜂装笼 将蜂笼放在台秤上,抖蜂漏斗插在蜂笼上。打开蜂箱,找到有蜂王的巢脾放在一边;提出其他青幼年蜂多的巢脾,将蜜蜂抖入漏斗,再将巢脾放回原箱。依次提脾抖蜂,直到笼内蜜蜂重量少许超过要求,立刻抽出漏斗,盖好圆洞。纱盖、隔板和边脾上附着的蜜蜂大多是日龄较大的,不要将它们抖入笼内。更不要把蜜蜂抖入塑料袋内过秤以后再装入蜂笼,因为蜜蜂在塑料袋内聚集在一起,气温高时只要几分钟就会受热而脱水,伤亡很大。在无蜜源时,不要将几群蜜蜂混合装入一笼,以免互相斗杀。

7. 加饲料 将预定数量的笼蜂装好以后,把附着在蜂笼外面的蜜蜂扫干净,搬离蜂场,将饲料罩装在圆洞内,罩口上缘每隔 3～4 厘米钉一枚图钉或鞋钉把它固定住。再将一定重量的炼糖或者液体饲料罐放入饲料罩内,然后用薄木板钉在顶板上把上口封住。将饲料重量记录在登记卡上。把封装好的笼蜂放在树荫下或者凉爽通风的室内,使蜜蜂保持安静。

(八)笼蜂的运输

可用卡车、火车或飞机运输笼蜂。注意做好蜂笼的固定和途中管理。

1. 固定蜂笼　为了使笼蜂通风、散热和便于搬运,将每 3～4 笼用 4 根木条或竹板钉连在一起,各笼的纱窗与纱窗相对,间距 70～80 毫米,木条钉在蜂笼侧壁的上、下两端,一面 2 根。木条或竹板的长度根据蜂笼的数量和宽度而定,两头还要长出 30 毫米。

2. 途中管理　卡车或火车运输,途中时间较长,必须有人押运,照看笼蜂和联系有关事项。飞机运输时间短,两边电话联系,有人接送就可以。装运或途中停留时,将蜂笼叠放整齐,对齐空隙,使蜂笼保持空气畅通,并且用绳子捆扎固定,防止互相碰撞。用飞机运输应注意尽量减少震动。火车运输时要装在棚车内通风良好的门窗附近。

押运人员应随身带面网、钉子、锤子、钳子和炼糖饲料,沿途指导笼蜂的装卸和安放等工作。不能将笼蜂倒放,发现问题及时处理。在运输途中,每天喂水 2～3 次,察看饲料消耗情况,及时给予补充。

(九)笼蜂的饲养技术

饲养笼蜂要预先做好计划,与笼蜂生产场签订购销合同,订购所需数量的笼蜂,约定交蜂日期。笼蜂群过入蜂箱饲养,大约经过 1 个月才能恢复到原有的蜂数,经过 2 个月才能发展强壮,因此需根据当地的气候和蜜源情况确定交蜂日期。笼蜂能够在当地最早的蜜粉源植物开花时或开花前 15 天运到最理想。

1. 准备工作　预先把蜂箱修理好,清洗干净,摆放在蜂场上。巢门 10～15 毫米宽。箱底垫 30～50 毫米厚的干草。准备一些草帘和奖励饲喂的砂糖、花粉或花粉代用品。1 千克蜜蜂的笼蜂,每箱放 3 个脾,其中 1 个适于产卵的空脾放在中央,两侧各放 1 个蜜粉脾。1.5 千克重的笼蜂,每箱放 4 个脾,其中 2 个空脾放在中央,蜜粉脾放在两侧,各个巢脾靠向箱内的一侧。

2. 笼蜂过箱　笼蜂运到以后,如果是晴暖天气,将它们放于阴凉通风的地方,向蜂笼喷一些糖浆或蜜汁,察看各个蜂笼的情况,查明是否有严重死亡的情况及其原因,到傍晚再将蜂群过入蜂箱。如果是阴冷天气,查明情况后立刻过箱。笼蜂过箱时注意尽量不使蜜蜂飞翔,以免发生盗蜂和蜜蜂偏集。

取下蜂笼上面的盖板,取出饲料罩,抖落上面的附蜂。取出蜂王笼,打开出入口,然后把它夹在两个巢脾之间。轻轻启开蜂笼一面的铁纱,将蜂笼放入蜂箱内空的一侧,使启开铁纱的一面朝向巢脾。盖上盖布、副盖和大盖,上面再盖草帘。蜜蜂会自动爬上巢脾。遇到寒潮大风天气,也可以在室内过箱。将地面打扫干净,关上门窗,安装红色灯光照明,在室内将笼蜂过入蜂箱,及时将掉在地面的蜜蜂拾回蜂箱。待天气转好后,在傍晚将蜂群搬到蜂场,做好保温包装。

过箱时严防盗蜂的发生。巢脾、用具不乱放,随时盖好蜂箱,炼糖等饲料放入严密的容器内。

3. 笼蜂群的管理 过箱的第二天,进行快速检查。察看蜂王是否健在,蜜蜂是否上脾,取出蜂笼和蜂王笼,查明有多少死蜂及其他问题。将巢脾靠拢,移到蜂箱中央,两侧加上隔板,外侧加保温物。对没有看到蜂王的蜂群进行详细检查,确证无王时,诱入蜂王或与有王群合并。傍晚开始奖励饲喂,同时饲喂花粉糖饼或其他花粉代用品,以刺激蜂王产卵和蜜蜂育虫。饲喂花粉要持续到有天然花粉为止。抓紧在巢内没有封盖子的有利时机,用长效杀螨剂防治蜂螨。

笼蜂过箱 21 天以后有新蜂陆续出房,这时按一般蜂群的管理,开始加巢脾,逐步扩大蜂巢。如果在笼蜂过箱后,每隔 1 周给它补助 1 框封盖子脾,陆续补助 2~3 框封盖子脾,这样可以加速蜂群的发展。

十、中蜂科学饲养技术

中蜂是原产于中国的蜂种,分布面积广,数量多。通常采用木桶、竹笼等固定巢脾的传统饲养方法,毁巢取蜜,产量低,质量差。中蜂科学饲养也称中蜂新法饲养,采用活框蜂箱、养蜂工具和现代饲养管理技术,可使中蜂蜂蜜的产量大幅度上升,质量也相应提高,还能生产蜂蜡、蜂花粉、蜂王浆等产品。

(一)中蜂的特点

中蜂对于当地的自然条件有很强的适应性。它们飞翔比较敏捷、灵活,可以逃避胡蜂、蜻蜓和鸟类的捕杀。中蜂的抗螨和杀螨力很强,就是有大蜂螨寄生对它们也没有明显的危害。中蜂嗅觉灵敏,能够寻找分散的零星蜜源,还能够根据采蜜的情况培育蜂子,饲料消耗少,产蜜量比较稳定。中蜂比较耐寒,在 10℃ 左右时,能够进行采集飞翔,所以在南方它们能采集枴属和鹅掌柴(八叶五加、鸭脚木)等冬季蜜源。在广大山林地区,中蜂品种资源丰富,可以进行收捕,就地取材,勤俭办场。

中蜂也有一些缺点。例如,中蜂蜂王产卵力比较弱,中蜂分蜂性强,抵抗巢虫力弱,常咬毁旧巢脾,爱蜇人,喙短,丧失蜂王以后容易出现工蜂产卵,以及对欧洲幼虫腐臭病和中蜂囊状幼虫病抵抗力弱等。有针对性地加强管理和选育优质蜂王,可以克服这些缺点,提高中蜂的种性和生产力。

(二)中蜂过箱技术

1. 过箱的准备和时间　过箱是将旧法饲养的中蜂群移入活框蜂箱饲养,这是科学饲养中蜂的第一步。过箱是强迫性的拆迁,要损失一些蜂子、巢脾和蜜粉饲料,对蜂群的正常生活有很大干扰。因此,应选择至少有3～4框蜂、2～3框子脾的蜂群,在有丰富辅助蜜源、气温在20℃以上的条件下过箱,以减少盗蜂发生,且操作方便,蜂子也不会受寒,过箱后蜂群容易恢复发展。过箱前要将中蜂标准蜂箱、各种使用工具准备好,将蜂群预先移到便于操作的位置。

(1)蜂箱和工具 用中蜂10框标准蜂箱,将巢框穿上铅丝。使用的工具包括:承放巢脾的平板、埋线器(或者用直径4毫米、长150毫米的竹棍下端削成"V"形的埋线棒)、用于插绑巢脾的薄铁片、吊绑或者钩绑巢脾的硬纸板、夹绑巢脾的竹片或竹条、临时收容蜜蜂的竹笼或斗笠;其他还有喷烟器、起刮刀、面网、割蜜刀、钳子、细铅丝、图钉、脸盆、桌子、毛巾等。

(2)调整蜂群位置 对于悬在屋檐下或其他不适当地方的蜂窝,逐日下放或移动20～30厘米,移到便于操作或日后饲养的地方。对于无法移动的墙洞蜂或土窝蜂,在过箱后再逐步移动。

(3)过箱时间 春、秋季在晴暖无风的中午、夏季炎热时期在黄昏时过箱。为了避免盗蜂和气候的影响,也可以在夜晚于室内过箱。室温保持在20℃～30℃,用红光照明。

2.过箱操作 老式蜂窝各式各样,木桶、竹笼饲养的中蜂宜采取翻巢过箱的方法,墙洞蜂或土窝蜂则采取不翻巢过箱的方法。翻巢过箱就是将蜂巢翻转180°,使蜂巢的下端朝上,这样操作方便。凡是蜂窝可以翻转、侧板和底板可以拆下的都采取这种方法。过箱时,2～3个人共同协作,有人脱蜂割脾,有人将巢脾绑到巢框上,有人将绑好的巢脾放入蜂箱。

(1)翻转蜂窝 首先向蜂桶下端的巢门喷入少量的烟,然后使蜂窝内的巢脾纵向与地面保持垂直,顺势把蜂窝慢慢翻转过来,放在原来位置一旁。将收容蜜蜂的竹笼或斗笠紧靠在蜂窝上,用木棒从蜂窝下端向上轻轻敲打,或用淡烟驱赶,引导蜜蜂向上集结在竹笼中。待大部分蜜蜂进入笼内。将收蜂笼放在原来位置的附近,用瓦片将它稍微垫高一些,使飞回的蜜蜂进入笼内。对于横卧式的竹笼蜂窝,同样将它翻转,使其下部朝上,拆除两端侧板,从一端喷烟,将蜜蜂驱赶到另一端,用斗笠收容蜜蜂。

(2)割取巢脾　用刀顺巢脾基部切下,用承脾板或手掌托住取出,不使巢脾折裂。将子脾分别放在平板上,不可重叠放置,不要沾染蜂蜜,接着将它们安装在巢框内。黑色的旧巢脾,面积小的、不整齐的巢脾,可把其中有贮蜜的部分切下集中放置,留着取蜜,其他碎巢脾放入另一容器,留待化蜡。

首先抓紧处理子脾,将上部的贮蜜按直线切下。子脾上的贮蜜过多,巢脾过重,容易下坠。1个巢框最好只安装1个子脾,要安装端正,绑扎牢靠。

(3)安装巢脾　根据巢脾的情况,分别采取不同的绑脾上框方法。

①插绑　已经培育过多代蜂子的黄褐色子脾,适合采用插绑的方法。将子脾裁切整齐,套上巢框,上端紧贴上框梁,用小刀顺着框线划脾,深度以接近巢房底为准,再用埋线棒将框线压入房底,然后用铁皮在适当位置嵌入脾中,穿入铅丝绑在框梁上(图1-39之1)。在裁切巢脾时,如果有蜂蜜流出,立刻擦净,避免蜂蜜沾染子脾。

②吊绑　新巢脾用吊绑方法安装在巢框内。用厚纸板托在巢脾下缘,以细铅丝吊在框梁上(图1-39之2)。

③钩绑　经过插绑或吊绑的巢脾,如果下部偏歪,则以钩绑纠正。用细铅丝一端拴一小片硬纸板,从巢脾歪出的部位穿过,在另一面轻轻拉正,再用图钉把铅丝固定在框梁上(图1-39之3)。

④夹绑　大块整齐的蜜粉脾或者子脾,经过切割使巢脾上下紧接巢框,压入框线后,用竹条从两面把巢脾夹住、绑牢(图1-39之4)。

绑好的子脾立刻放入箱内,大的放在中央,小的依次放在两侧,保持8毫米左右的蜂路。如果蜜蜂多巢脾少,可加巢础框,外

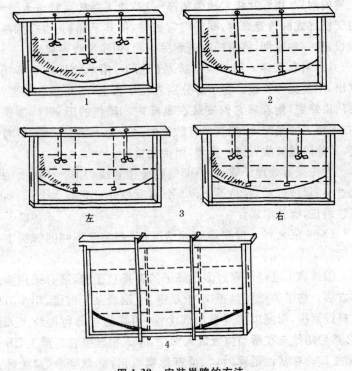

图 1-39　安装巢脾的方法

1. 插绑　2. 吊绑　3. 钩绑　4. 夹绑

右：正面　　左：反面

侧加隔板。

（4）移蜂上脾　将放入巢脾的蜂箱放在原来老巢的位置，巢门的方向不变，打开巢门，在起落板前斜靠一块木板副盖。将收蜂笼提到斜板上方约 30 厘米高处猛振数下，将蜂团振落到斜板上，蜜蜂便顺斜板爬入箱内巢脾。集结在巢门外的小团蜜蜂，可用蜂扫催赶，使它们进入蜂箱。

（5）不翻巢过箱　墙洞蜂窝无法翻转，可首先取下它的护板，接着喷烟驱赶蜜蜂离脾,依次把巢脾割下,安装在巢框上,放入墙洞引导蜜蜂上脾。傍晚再连脾带蜂提入蜂箱,同时把墙洞封住。也可以将镶好的巢脾放入蜂箱,将蜂团收入竹笼,然后抖入蜂箱。

(6)借脾过箱　已有活框蜂箱饲养的中蜂时,最好借用它们的子脾过箱,而将新安装绑好的子脾交给这些中蜂修整。

3. 过箱注意事项　过箱操作要稳重、快速、细致。割脾和驱蜂、抖蜂时,注意观察蜂王。如果蜂箱外有集结的蜂团,就要察看其中是否有蜂王。若发现蜂王,捉住它的翅膀,放入蜂箱内的巢脾上。过箱主要是保留子脾和少量蜜粉脾,而将黑色的老巢脾和沉重的蜜脾淘汰不用。过箱以后将现场清理干净,将散落在各处的蜂蜜冲洗或掩埋掉。将淘汰的巢脾轧出蜂蜜。及时加水将巢脾煮熔,轧出蜂蜡,以免遭受巢虫破坏。待过箱的蜜蜂已经进入蜂箱时,将其巢门缩小至 8～10 毫米,盖上盖布、副盖和大盖。如果气温较低,在隔板外的空隙处加保温物。

4. 过箱后的管理　每天傍晚进行奖励饲喂,直到每个巢脾上部有宽 3 厘米左右的贮蜜,促使蜜蜂修整巢脾和刺激蜂王产卵。过箱的第二天进行箱外观察,看到蜜蜂采集正常、积极清除死虫和蜡屑,就表明蜂群已经接受了新巢,恢复了正常生活。

过箱 3 天后进行全面检查。巢脾已经粘牢的可以除去绑缚物。纠正偏斜的巢脾。清扫箱底蜡屑污物。

如果蜂群丧失了蜂王,子脾上会有改造的王台,选留一个最好的,或诱入蜂王,或与其他蜂群合并。

(三)中蜂人工育王

中蜂人工培育蜂王与意蜂培育蜂王的操作方法基本相同。中蜂群失去蜂王容易出现工蜂产卵,因此通常采用有王群育王。最好利用健康强壮的、有分蜂趋势的老蜂王群作育王群。中蜂蜂王在婚飞期间与 20 只以上的雄蜂交尾,才能充分受精,在进行移虫育王的 15 天以前,首先要培养大量的适龄雄蜂。中蜂工蜂分泌和饲喂蜂王幼虫的王浆少,每次培育蜂王,移虫数量以 20 只左右较好。

　　饲养中蜂宜在自然分蜂期到来以前的 10～15 天培育出新蜂王,用新蜂王更换衰老的蜂王或进行人工分蜂。育王群宜选用具有 1 年龄以上蜂王的强群,将蜂王剪翅,并且通过加强饲养管理,如采用奖励饲喂、补助封盖子脾等办法,将其提早培养成 7 足框蜂以上的群势,促使其产生分蜂趋势。用框式隔王板将蜂巢分隔成 4～5 框的有王繁殖区和 3～5 框的无王育王区。使育王区有 3～4 框带有蜜粉的子脾,中间的 2 框子脾要有较多的幼虫,使育王区有较多的哺育蜂。

　　对种用母群(利用它的幼虫育王)也加强管理,奖励饲喂蜜粉饲料,以增加泌浆量,使幼虫得到丰富的饲料,也便于移虫。

　　可把一个子脾的下边切去一条宽 30～50 毫米的巢脾,在巢框上嵌上一根活动的王台板条,改造成一个简便的育王框。在移虫前 2 小时,将粘上蜡碗的王台板条安装在育王框上,加在育王群的育王区中部。蜡碗内径 8 毫米左右、深 10 毫米。蜡碗集中粘在王台板条的中段,蜡碗间距 10 毫米。蜜蜂清理修整蜡碗约 2 小时后即可进行移虫,也可以将每个蜡碗粘在三角形铁片上,移入幼虫以后分别插在育王区的一个子脾上,王台封盖后移动比较方便。在移虫前一天或当日清晨,仔细检查育王群的无王区,割除自然王台。

(四)中蜂蜂产品的生产

　　1. 蜂花粉的生产　中蜂同样可以生产蜂花粉。根据中蜂的胸径(或当地中蜂天然巢脾的巢房直径)确定脱粉板的孔径。孔径一般在 4.2～4.8 毫米。可在适当直径的铁条上,用不锈钢丝或 1 千瓦电炉的电阻丝绕制,1 个圆圈紧靠 1 个圆圈,制成 1 条长度约比巢门短 50 毫米的脱粉圈。将两条脱粉圈上下靠在一起钉在中间挖空的挡蜂木板上，制成脱粉板。在生产花粉时，将脱粉板安插在巢门前。中蜂具有很强的搬动花粉能力，所以要使用接粉盒，不使中蜂接触脱下的花粉团。自制可用木盒或铝盒，盒长 200～300 毫米（根据巢门宽度而定）、宽 60 毫米、深 30 毫米。盒上用孔径 2.5～3 毫米的铁纱网罩上。

要增加蜂花粉产量，减少中蜂搬动花粉的损失。最好将蜂箱前面的蜜蜂起落板锯掉，用接粉盒上的纱网作起落板，让脱下的新鲜花粉团直接落入接粉盒内。开始生产花粉时，中蜂会聚集在脱粉板前面不进入。要在清晨蜜蜂出巢前，将巢门完全开放，安装上脱粉器。

2. 巢蜜的生产　中蜂不采集树胶，用中蜂生产巢蜜不会有蜂胶污染，中蜂巢蜜洁净、漂亮、质量好。可在小蜜源时期大量饲喂糖浆，促使中蜂群造新巢脾备用。将新巢脾按巢蜜格尺寸切割，镶在巢蜜格内。在主要采蜜期生产巢蜜，同样可以用浅巢框生产整框的大块巢蜜及切块巢蜜。

3. 蜂王浆的生产　中蜂产蜂王浆的数量比较少，但是仍然可以用于生产。选择 8 框蜂以上、饲料充足的蜂群，抽出空巢脾，使蜜蜂密集，用隔板将蜂巢隔成蜂王产卵的繁殖区和产浆区两部分。产浆区放 1 框蜜粉脾和 1 框幼虫脾，产浆框加在两脾之间。取过 2 次蜂王浆以后，将繁殖区与产浆区互换位置。在生产蜂王浆时期，要注意保持蜜蜂密集和不间断地进行奖励饲喂。

4. 雄蜂蛹的生产　生产和处理方法参见第二章中雄蜂蛹及其生产技术。让中蜂群造出整张的雄蜂脾极其困难，可将西方蜜蜂的工蜂房巢脾按中蜂巢框内围尺寸裁剪，镶在其中，作为中蜂的雄蜂脾使用。中蜂雄蜂发育期为 23 天。蜂王在雄蜂脾上产满未受精卵以后，约经 19 天即可采收。

（五）野生中蜂的收捕

我国各地的山林蕴藏着大量的野生中蜂，对其进行收捕，改良饲养，对发展养蜂事业有重要意义。收捕野生中蜂群，分诱捕和猎捕两种方法。

1. 诱捕中蜂 诱捕野生中蜂是在适于它们生活的地方放置空蜂箱，引诱分蜂群或迁飞的中蜂自动飞入。诱捕时需要掌握以下几个环节。

（1）选择地点 引诱野生蜂群，应选择在蜜粉源比较丰富、附近有水源、朝阳的山麓或山腰、小气候适宜、目标明显的地方放置蜂箱。

（2）掌握时机 在蜜蜂的分蜂季节诱捕成功率高。北方 4～5 月份和南方 11～12 月份是诱捕中蜂的适宜时期。南方亚热带地区 8～9 月份蜜源稀少，野生蜂群有迁飞的可能，也适于收捕。

（3）准备蜂箱 新蜂箱用淘米水泡洗，除去木材的气味，晾干，内壁涂上蜂蜡。箱内放 3～5 个上了铅丝和窄条巢础的巢框，两侧加隔板，并用干草填满箱内空隙。巢门宽 8 毫米。将巢框和隔板用小钉固定，钉上副盖，盖上大盖。蜂箱放在背靠岩石或树身处，并用石块将蜂箱垫离地面。

附有蜡基的旧蜂桶具有蜜蜡气味，适宜用来引诱野生蜂群。

（4）经常检查 在分蜂季节，每 3 天检查 1 次。久雨初晴，及时察看。发现野生中蜂已经进入，待傍晚蜜蜂归巢后，关上巢门，搬回饲养。采用旧蜂桶的，应尽早过箱饲养。

2. 猎捕中蜂 猎捕是根据野生中蜂的营巢习性和活动规律，追踪回巢蜂，找到野生蜂的蜂巢，再进行收捕。猎捕野生蜂，在北方以夏季比较适宜；在长江以南，中蜂一年四季都可以活动，以在 4～5 月份和 10～11 月份气候温暖、蜜源丰富、蜂群强壮的时期进行较好。

(1)追踪采集蜂 在晴天上午 9～11 时,进山注意搜寻采集蜂,观察它们回巢时的飞行活动和方向。采集蜂从花上起飞时,往往盘旋飞翔,然后朝蜂巢方向飞去。如果回巢蜂起飞时打 1 个圈,飞行高度在 5 米以下,就表明蜂巢距离不远,要继续追踪;回巢蜂打 3 个圈,飞行高度在 6 米以上时,说明蜂巢距离比较远,追踪困难。

发现蜜蜂正在花上采集时,可用手托一盛蜜的小碟,等有飞来的蜜蜂采蜜返回时,跟踪它的飞行方向步步前进,最后可以找到蜂巢。

在有蜜蜂活动的山区,在离地面 2 米高的树叶上涂上蜂蜜,同时燃烧一些旧巢脾,使之散发出蜜蜡味。如果招引来了蜜蜂,注意观察返巢蜂的飞行活动和方向。另在相距 10 米左右的地方,用同样方法观察返巢蜂的飞行路线。向 2 条飞行线交叉的方向追踪,有可能找到蜂巢。

另一种方法是,用一根几十厘米长的线,一端系上一条小纸条,另一端系在捕捉到的采集蜂的腰上,然后放飞。系着纸条的蜜蜂飞行缓慢,便于追踪。

(2)追踪采水蜂 蜜蜂常在蜂巢附近有水源的地方采水,因此细心观察溪边、田边或有积水的洼地,如果发现采水蜂,就表明蜂巢距此最远不超过 1 千米。

(3)寻找蜜蜂粪便 蜜蜂在集团飞翔(认巢飞翔)或爽身飞翔时,常将粪便排在蜂巢附近。如果发现树叶、杂草有黄色的蜜蜂粪便,就表明附近有蜂巢。

(4)搜索树洞 蜜蜂常在有空洞的树干内营巢。可以请药农和猎人等经常进山的人提供线索,沿着林边,认真搜索有洞的大树。

(5)猎捕方法 发现野生蜂的蜂巢以后,准备好各种工具,如开挖洞穴的刀、斧、凿、锄,以及收蜂用的喷烟器(或艾草)、收蜂笼

（箱）、巢框、面网、桶等。

①树洞蜂或土洞蜂的收捕　挖开洞口，经过振动，大部分蜜蜂会吸蜜爬离巢脾。再用烟熏，使蜜蜂脱离巢脾在空处结团。参照不翻巢过箱的方法，割脾、镶框、收蜂。操作时要特别注意将蜂王收入。

将树洞蜂收捕以后，还可以利用原树洞诱捕野生蜂。因此，在凿开树洞时，将原巢穴尽量保护好，留下一部分蜡基，再用树皮、木片、黏土将其修复，留下 1 个出入孔。

②岩洞蜂的收捕　如果岩洞不能凿开，就先寻找有几个洞口，只保留其中 1 个出入口，其余的用泥封住。然后向巢内投入蘸有 50%石炭酸的脱脂棉（或樟脑油棉团），立刻从保留的出入口插入一根直径 10 毫米左右的玻璃管，另一端伸入蜂箱巢门。蜜蜂受到石炭酸气的驱迫，纷纷通过玻璃管进入蜂箱。看到蜂王已从管中通过，洞里的蜜蜂基本上都出来后，关闭蜂箱巢门，运回处理。

（六）中蜂饲养管理要点

饲养中蜂与饲养西方蜜蜂的管理技术基本相同，但是中蜂具有蜂王产卵量较少、群势较小、分蜂性较强、抗巢虫力差等弱点，要采取管理措施加以克服。

1. 严防盗蜂　中蜂体格小，力量弱，抗击不过西方蜜蜂，因此不宜与西方蜜蜂同场饲养。巢门采用中蜂能自由出入，而西方蜜蜂不能进入的圆洞巢门板，或采用其他能防止西方蜜蜂进入巢内的防盗巢门。

2. 使用新蜂王　选择蜂王产卵力强、蜂群壮、采集力强的蜂群作种群培育蜂王。及时更换产卵力差的衰老蜂王，保持全场蜂群长年使用新蜂王。

3. 多造新脾　有蜜源时，加巢础框造新巢脾，淘汰老巢脾。

可以采取小群打基础的办法,即将巢础框加入小群的蜂巢外侧,一面修造出基础,再换到另一面修造,然后提到强群里完成。准备蜂群越冬时,将新巢脾放在蜂巢中央部位。经常打扫箱底,保持蜂巢整洁,预防巢虫危害。

4. 饲养双王群　饲养一部分双王群,或将两个小群同箱饲养。这样既可以将小群及时培育强壮、加继箱取蜜,又可以贮备一部分蜂王。当个别蜂群丧失蜂王时,可以立刻用来诱入,防止工蜂产卵。

5. 控制分蜂热　中蜂的分蜂性比较强,使用新蜂王,多造巢脾,生产雄蜂蛹或蜂王浆,都能抑制分蜂热的发生。个别蜂群造了有卵王台时,可以分成几个交尾群,以后将不好的蜂王淘汰,将其合并到选留蜂王的交尾群。

在蜂箱上安装巢门隔王片。发生自然分蜂或蜂群飞逃时,由于蜂王被阻不能出巢,蜜蜂不得不返回,还可避免多个蜂群同时分蜂、飞逃。没有巢门隔王片时可以给蜂王剪翅,剪去一边前翅的 1/3。

另外,中蜂长期生活在野生或半野生状态下,要求生态环境荫蔽、安静。应把中蜂群放在光线暗弱、环境幽静的地方,切忌放在阳光直射、暴晒和有人、畜干扰的地方。蜂箱要严密、能保温、保湿、保持黑暗。气温高、空气干燥时,饲喂清水、喷水雾,使蜂箱内湿度达到 75% 以上。中蜂喜密集,要根据蜂数和减巢脾数量,保持蜂多于脾的密集程度。取蜜时要给蜂群留下充足的饲料,不取子脾和半蜜脾的蜜,避免饲料不足引起蜂王停产和全群飞逃。多做箱外观察和局部检查,没有特殊情况不做无目的地随意开箱全面检查,尽量减少对中蜂的干扰。

十一、蜜蜂主要病敌害防治技术

蜜蜂的病敌害种类比较多,这里只简单介绍蜜蜂的主要病害和敌害的种类、特征和防治方法,详细资料请参考专门论述的书籍。

(一)蜜蜂主要病害防治技术

蜜蜂的病害可分为传染性病害和非传染性病害两大类。传染性病害又可根据它们侵染方式的不同,分为侵染性病害和侵袭性病害。侵染性病害是由病原微生物引起的,而侵袭性病害是由寄生虫所致。非传染性病害是指由于遗传因素或有毒、有害等不良因子引起的病害。病毒、细菌、寄生虫引起的传染性蜜蜂病害对养蜂生产有很大的危害,应采取预防为主、治疗为辅、综合防治的措施。选育和饲养抗病力强的蜂种,饲养强群。发生传染病要抓紧治疗,并对蜂箱、巢脾、蜂具进行彻底消毒。

我国正在全面推行"无公害食品行动计划"。蜂产品进口国为保护消费者和本国养蜂者的利益,近年来提高了对蜂产品抗生素及农药残留的限量,在技术上限制蜂产品的进口,所以生产无公害和绿色蜂产品势在必行。蜂产品的无公害化是蜂产品质量安全最基本的要求。除在蜂产品生产、包装、保鲜、贮运过程中执行蜂产品的质量标准和规范以外,最应注意的是在蜜蜂传染性疾病的防治上,不滥用抗生素,不使用农业部禁止使用的兽药及其他化合物,如氯霉素及其盐和酯、琥珀氯霉素及制剂、杀虫脒(克死螨)、双甲脒、呋喃唑酮(痢特灵)等。发生美洲幼虫腐臭病、欧洲幼虫腐臭病的蜂群要隔离治疗。不使用病群生产蜂产品,病群的蜂蜜、蜂王浆、蜂花粉等不得作为商品出售。

1. 蜜蜂病毒病 蜜蜂的病毒病有 10 余种,其中最重要的是囊状幼虫病和麻痹病。

(1)囊状幼虫病　病原为囊状幼虫病病毒。染病幼虫大多在封盖后死亡,死虫头上翘、呈龙船形、囊状,无味,无黏性,易从巢房中移出。本病没有特效药可治。可用王笼将蜂王关闭10天,使蜜蜂清除死虫。巢脾消毒可选用0.1%次氯酸钠溶液、0.2%过氧乙酸溶液或0.1%新洁尔灭溶液中的一种,浸泡巢脾12小时以上,消毒后的巢脾要用清水漂洗晾干。

欧洲蜜蜂发生本病在蜂群发展强壮后可以自愈。中蜂囊状幼虫病(中囊病)传染力强、发病快,不能自愈,易使整群飞逃或死亡。

蜂胶有杀菌、抗病毒作用。有人使用2%蜂胶酊防治中蜂囊状幼虫病取得了良好效果。将病重的子脾提出烧毁、保留病轻的子脾,换入经消毒的蜂箱。用2%蜂胶酊喷脾治疗。每个巢脾每次喷4~5毫升,隔天使用1次,连用4次。以后每隔7天使用1次,连用3次。选无病或少病的蜂群育王,更换病群的蜂王。

蜂胶酊制法:75%医用酒精1升,加入蜂胶颗粒200克,浸泡3~5天,每天摇动数次,取上清液或过滤除去下部沉淀即成。

(2)麻痹病　主要由蜜蜂慢性麻痹病病毒引起。春季发生的多为腹部膨大型,病蜂行动迟缓,身体颤抖,失去飞行能力;秋季出现的多为黑蜂型,病蜂身体瘦小,头、尾发黑,颤抖。可用酞丁胺粉(4%)治疗。用50%糖水1升,加入酚丁胺粉12克配成药剂,每框蜂饲喂10~20毫升,隔天使用1次,连用5次。采蜜期停止使用。

2. 蜜蜂细菌病　最常发生的有美洲幼虫腐臭病(美腐病)和欧洲幼虫腐臭病。

(1)美洲幼虫腐臭病　由幼虫芽孢杆菌感染所致。主要是封盖幼虫和初期的蛹发病死亡。死虫躺在巢房下壁,尾尖粘在房壁,喙向上伸出。死虫干枯鳞片不易移出,呈棕色、胶状,有鱼腥

臭味。以每 10 框蜂计,在 100~200 克稀糖浆或水中加入红霉素
0.05 克,喷脾或饲喂,每隔 2 天使用 1 次,连用 5 次为 1 个疗程。
隔 20 天再治疗 1 个疗程。病重的子脾要烧毁,蜂箱、蜂具彻底消
毒。病群的蜂蜜不得混入商品蜜中。

抗生素不能杀死幼虫芽孢杆菌的孢子,治愈的表面健康的蜂
群仍会有幼虫芽孢杆菌孢子,而且蜂蜜里还会有病菌孢子和抗生
素残留。因此,对患有美洲幼虫腐臭病的蜂群要采取整箱整群焚
烧的方法。或只焚烧巢脾,将蜂箱彻底消毒。采取抖落蜜蜂的防
治法:准备一只消毒的蜂箱,加入 3~5 个巢础框,找出蜂王将它
放在巢础框上,将病群的巢脾提出,逐一把蜜蜂抖入蜂箱内,烧毁
巢脾;将巢门缩小至 5~10 毫米。3 天后蜜蜂消耗完体内的贮蜜,
再次将蜜蜂抖落在箱内空处,重新加入新巢础框,烧毁提出的巢
础框。同时,饲喂糖浆或蜜汁,饲喂花粉。

(2)欧洲幼虫腐臭病 主要由蜜蜂蜂房链球菌感染引起。染
病幼虫在 3~4 日龄时死亡。死虫呈螺旋形皱缩,塌陷于房底。
灰白色至黄色,最后变成黑色。有酸臭味,无黏性,易移出。每群
(10 框蜂)饲喂含盐酸土霉素可湿性粉剂 200 毫克(有效成分)的
糖浆 200 克,隔 4 天使用 1 次,连用 5 次为 1 个疗程。或按上法饲
喂红霉素。换箱、换脾,彻底消毒。病群的蜂蜜不得混入商品蜜中。

3. 蜜蜂真菌病 主要有白垩病和黄曲霉病。

(1)白垩病 由于感染蜂球囊菌,使大幼虫和封盖幼虫死亡。
死虫表面生出白色真菌丝,最后变成疏松的石灰状硬块,颜色由
灰色变为黑色。这时应更换消过毒的巢脾,同时饲喂优质饲料。
在蜂箱底板放 2 克大盐(可装在塑料瓶盖里)。每 10 框蜂用制霉
菌素 10 万单位(200 毫克)溶于 500 毫升水中,喷脾,隔天使用 1
次,连用 4 次。换箱、换脾,彻底消毒。

大蒜对防治白垩病有一定效果。刘厚生和刘光耀首先将病
群的蜂箱清理干净,刮除箱底的蜡屑和病虫,然后将几片压碎的

大蒜放在病群的框梁上,20多天后检查发现,白垩病症状已全部消失。近几年来,他们每年春季用大蒜防治白垩病,均取得了较好的效果。顾宗连用大蒜汁治疗白垩病,其做法是:大蒜1～2头,去皮,捣成蒜泥,加500毫升水,滤渣取汁,用大蒜水喷脾,注意巢脾上、下框梁都要喷到,每4～5天喷1次,5次为1个疗程。

(2)黄曲霉病　主要由黄曲霉菌感染所致,偶尔也可因烟曲霉菌感染而引起。大幼虫死亡,最后变成淡褐色或黄绿色硬块,体表长满白色菌丝和黄绿色孢子。应换箱、换脾。每10框蜂用制霉菌素10万单位(200毫克)溶于500毫升水中,喷脾,每隔2天使用1次,连用4次。

4. 蜜蜂原生动物病　主要是孢子虫病,偶尔也有阿米巴病。孢子虫病是由孢子虫寄生在蜜蜂中肠上皮细胞内,使其丧失消化能力,后肠膨胀,翅发抖,无力飞翔,最后死于巢外,使蜂群削弱。可用每千克糖浆加1克柠檬酸或3毫升白醋的制剂防治,每群饲喂500克。隔3天使用1次,连用5次,可以抑制孢子虫的发展。

5. 蜜蜂寄生螨病　主要由杀手瓦螨(过去称为雅氏瓦螨,简称瓦螨,俗称大蜂螨)和亮热厉螨(俗称小蜂螨)寄生所致。

(1)杀手瓦螨　寄生在蜜蜂和封盖虫蛹上,在雄蜂及工蜂封盖巢房里产卵繁殖。削弱蜂群,严重危害养蜂生产,是蜂场最普遍发生的寄生螨。要采取综合防治:春季新蜂更替了老蜂以后,每群放置1～2框雄蜂房巢脾,每隔20天左右割除雄蜂蛹1次,连续2～3次,可使蜂群的瓦螨减少一半左右。最好是以生产雄蜂蛹结合除螨。春末夏初,从原群提出3框带蜂的封盖子脾人工分蜂,可使原群的瓦螨减少30%。用新型杀螨剂速杀螨和敌螨1号杀螨效果优异,对蜜蜂安全。速杀螨用于蜂群防治,使用浓度为0.1%,即每个安瓿0.5毫升加水500毫升稀释,在非采蜜期,蜜蜂回巢后喷洒蜂体,斜喷至蜂体有细雾滴为宜。隔天用药1次,一般2次即可。如不彻底,隔1周后可再用药1次。敌螨1号在蜂群中的使用浓度为0.125%，即每个安瓿0.5毫升药物加水400毫升稀释，于傍晚均匀喷洒蜂体，每周用药1次，连续用药2次，杀螨效果可达100%。该药不仅可以杀死蜂体上的螨，而且可以杀死巢房内的蜂螨。也可用2%蜂胶酊喷脾，每框蜂脾喷2毫升，每隔4天使用1次，连用4次。11月份蜂群无子时（或预先关闭蜂王断子），用3.5%草酸糖水（50%糖浆1升加草酸35克），用注射器滴洒在蜂路间，每条蜂路5毫升。还可用沈育初、俞亚平的发明专利"螨药气化喷雾器"装入1～3克草酸，使草酸气化，从巢门注入蜂巢，每群10秒钟左右即可，省时省力。注意草酸对皮肤、黏膜有腐蚀性刺激，在配制药液和施用时，应戴防酸手套、护目镜和口罩，并准备一盆水，以备清洗沾染的皮肤。有些杀螨药使用"螨药气化喷雾器"喷雾，需按说明添加气雾剂。捕螨板是用10～15毫米厚木条制作可放在箱底内的长方形框，上面钉上2.5～3毫米^{2}孔眼的纱网；在纱网框下插入一张涂上凡士林的白色硬纸板。从春季就将捕螨板放入箱底，使自然落下的瓦螨不能返回蜂巢而死。每隔7～10天检查1次，如果自然落螨数平均每天在10只以上，就要及时用药剂防治。

（2）亮热厉螨　主要寄生于蜜蜂巢房内，对蜂群的危害极严重。在药物防治方面，除了速杀螨和敌螨1号外，升华硫对亮热厉螨具有较好的防治效果。使用时，可从蜂群提出封盖子脾，抖落蜜蜂，将升华硫装入纱布袋内，均匀而薄薄地涂在封盖子脾表面，每隔7天使用1次，连用3次。或用硫悬浮液（农药商店出售），按1毫升加200毫升水配成200倍液，喷脾，每隔3天使用1次，连用4～5次。新疆维吾尔自治区阿勒泰市北屯镇专业养蜂大户梁朝友研制了一种防治大、小蜂螨的"治螨施药器"，两人合作1天可防治1000多群蜜蜂，省时、省力、节约开支，又很少伤蜂。施药器由七部分组成，其结构见图1-40所示：①充气筒，用自行车打气筒改装，为施药器提供压缩空气。②粉剂输出软管，可将定量的药粉通过软管从蜂箱巢门均匀喷入巢内。③定量药物储存器,用注射器针管改装,在翻转药物主储存器时,定量的药物就存于此储存器内备用。它与粉剂输出软管及压缩空气输入软管相连接。④调节活塞,有容量刻度,可根据蜂群群势确定一次用药量。⑤单向活动球形阀,确定了定量药物储存器的储存容积后,翻转药物主储存器,使瓶口朝下,由于重力作用,单向球形阀门打开,向定量药物储存器注满药物。将药物主储存器翻转过来,单向球形阀门关闭。⑥药物主储存器,由矿泉水瓶改装,与单向球形阀相连。⑦压缩空气输入软管,连接于充气筒和定量药物储存器之间,可将压缩空气输入定量药物储存器把药粉压出,通过输出软管喷入蜂箱巢门内。浙江省新昌县蜜蜂研究所销售的"蜂药喷粉器"是喷洒杀螨粉剂的工具。另外,现在市场上有数种杀螨气雾剂出售,使用很方便。

图 1-40 治螨施药器

1. 充气筒 2. 粉剂输出软管 3. 定量药物储存器 4. 调节活塞
5. 单向活动球形阀 6. 药物主储存器 7. 压缩空气输入软管

6. 蜂群衰竭症 近年来,许多国家先后发生了蜜蜂集体神秘失踪或大批死亡的现象。例如,在 21 世纪初期,以色列的蜜蜂大量死亡,其症状为蜜蜂发生麻痹,在数日内98%的蜜蜂死亡。美国2004年以来每年都有大量蜂群死亡,其主要症状是大量健康蜂群在数周内溃不成群,成年蜂离开蜂巢,抛弃蜂王和蜂子。蜂巢里没有死蜂,最后只留下蜂王、少量幼蜂、子脾和蜜粉脾。但是相邻几百米的蜂场可能没有发生任何情况。蜂群垮掉不是发生了盗蜂,也没发现受到蜡螟或蜂巢小甲虫的攻击。患病蜂群留下的空蜂箱,放入健康蜂群时,似乎能传染,蜂群常常衰弱、死亡。将病群放入新巢脾或巢础框的蜂箱,则有可能恢复。饲喂新鲜花粉或代用品和糖浆,有助于蜂群恢复。给使用内吸杀虫剂处理过的蔬菜、果树和种子植物授粉的蜂群首先发病。由于上述疾病的病因难以确定,专家们将这种蜜蜂集体失踪或大批死亡的现象定名为蜂群衰竭症(或称蜂群衰竭失调)。

蜂群衰竭症到2008年春季已扩展到美国的35个州、加拿大的5个省和欧洲的一些国家。这种令人困惑的现象使美国23%的养蜂人苦恼,有些蜂场损失了高达50%~90%的蜂群。考克斯·福斯特等专家通过基因分析,推测蜂群衰竭症的主要病原是以色列急性麻痹病毒,但是他们的研究并没有排除此病毒是继发性感染的可能。因为瓦螨可以携带、传播病毒和病菌,能减弱蜜蜂的免疫力,并有可能激活潜伏感染的病毒。病毒的感染使蜜蜂社会性学习和记忆能力降低,所以患病蜜蜂在采集过程中迷失巢外,最终死亡。

防治方法:每隔2天用2%蜂胶酊喷子脾1次,连续4~5次。换入消毒的蜂箱,抖入几框健康蜜蜂,以基本上能护住子脾为准。饲喂糖浆、花粉或花粉代用品。以后最好杀死病群中的蜂王,诱入1只由健康蜂群培育的蜂王或王台。同时,注意防治瓦螨。

另外,西班牙在2005~2006年冬季蜂群发生以大量死亡为特征的蜂群衰竭症,在一些地区蜂群损失高达40%。希吉斯领导的一组西班牙蜜蜂病理学家检测发现,东方蜜蜂微孢子虫已经在西班牙的西方蜜蜂中广泛传播,认为蜂群的大量死亡与东方蜜蜂微孢子虫有密切联系。其治疗方法与蜜蜂孢子虫病的治疗相同,可饲喂酸饲料,或在 1 千克糖浆中加 0.5 克甲硝唑片(灭滴灵),每群每次喂 0.3～0.5 千克。采蜜期禁用。

在我国,浙江省义乌市专业养蜂户陈渊饲养 47 群蜜蜂,其中的 26 群每群 3 万多只蜜蜂在 2006 年 10 月中旬的几天之内因发生蜂群衰竭症而大批死亡。整箱蜜蜂几乎消失殆尽,巢内只剩下蜂王和少数蜜蜂,一些蜂群的巢脾上还有封盖蜜和花粉。蜂箱内没有死蜂,蜂场四周及草地上每天都有大量幼蜂和卷翅幼蜂在艰难地爬行,坑凹处堆积着成堆的蜂尸。2007 年 3 月 25 日再次发病,于是他将蜂群分为两组:一组用土霉素治疗,结果无效;另一组用抗真菌药酮康唑治疗,结果蜂群恢复健康发展。2007 年 2 月底和 2008 年 3 月初河南省西部的新安县、灵宝市、陕县、渑池县、孟津县、偃师县、宜阳县等地上百个蜂场发生了以"爬蜂"为典型症状的蜂群衰竭症,病蜂呈大肚状,刚爬出巢门时振翅,在蜂场上爬行数小时后死亡。病蜂腹内有灰黑色粪便,无特殊气味。一个蜂群可在 10～20 天内爬光,几十群的蜂场在 15 天左右全场覆灭。2008 年 3 月份邀请陈渊和浙江大学动物科学学院苏松坤副教授前往指导,采取以下方法处理和治疗:第一,发现"爬蜂病"时,首先紧脾,蜂箱内只留带蜂子脾,子脾外侧加隔板,隔板外放 1 框蜜脾。如果蜂数太少,将多余子脾抽出,让蜜蜂基本上能护住子脾。第二,适度保温排湿,保持箱内干燥,可折起覆布一角。第三,坚持每天早、晚清扫蜂尸,将蜂尸集中焚烧或深埋。第四,用酮康唑 1 片(每片含酮康唑 0.2 克)溶解于 500 毫升水中,喷 15～20 框蜂。每日 1 次,连用 3 天;然后每隔 2 天喷 1 次,连用 3 次;最后每隔 3 天喷 1 次,连用 3 次。治疗 18 天,共喷 9 次,可控制病情。到 4 月底用这种方法治疗的蜂群已全部治愈。本病的预防方法为:越冬前在给蜂群喂完越冬饲料并彻底治螨以后,按前法在 15 天内喷酮康唑 2 次。开始春繁时,用同样方法喷 2 次,或在 1 升 50%糖水中加入制霉菌素 200 毫克,每群饲喂 300 毫升,每隔 3 天饲喂 1 次,连用 5 次。

(二)蜜蜂主要敌害防治技术

蜜蜂的敌害主要有胡蜂、蜡螟、蚂蚁、黄喉貂和蟾蜍等。

1. 胡蜂　山区、丘陵地带胡蜂对蜜蜂的危害比较严重。胡蜂有多种,以大胡蜂和小胡蜂危害最大。最好的防治方法是摧毁蜂场附近的胡蜂巢,但是胡蜂多在高大的树上或建筑物上筑巢,非常隐蔽,不易被发现。因此,生产上防治胡蜂常用的方法是捕杀和敷药放飞,以药剂毒杀巢内胡蜂。

夏、秋季经常巡视蜂场,用蝇拍扑打来犯的胡蜂。将打昏的胡蜂涂上有机氯或有机磷杀虫粉剂,放其归巢,将巢内蜂杀死。也可预先在广口瓶中放入 1 克杀虫粉,用捕虫网捕捉胡蜂,将胡蜂放入有药的广口瓶中,盖上盖。胡蜂准备飞逃,振翅,药粉自动附着在身体上。然后打开瓶盖,放飞胡蜂归巢,使其蜂巢被药物污染,毒杀巢内胡蜂。

2. 蜡螟　危害蜜蜂蜂巢的有大蜡螟和小蜡螟,它们常潜入蜂箱,在蜂箱的缝隙中产卵。它们的幼虫称为巢虫。巢虫蛀食巢脾,伤害蜜蜂幼虫和蛹。受害幼虫被蜜蜂清除,受害的蜂蛹被蜜蜂咬开封盖,形成成片的"白头蛹"。

西方蜜蜂抵抗巢虫力强,只要蜂群强壮,保持蜂脾相称,就不致受害。中蜂抵御巢虫的能力弱,要加强防治。每隔 10 天清扫箱底蜡屑。在蜂箱承接巢框上梁的凹槽下缘 20 毫米处向下开凿 3 毫米宽、6 毫米深的巢虫阻隔槽,在箱体两侧壁内同样位置也开阻隔槽,在阻隔槽内涂上除虫菊酯药膏,或含有杀虫剂的凡士林药膏。在蜡螟活动季节每隔 1~2 个月涂抹 1 次杀虫药膏,形成一圈围歼巢虫的陷阱。还可在蜂箱内壁下缘往上 20 毫米处粘贴一圈约 45 毫米宽的塑料胶带,阻挡巢虫向上爬。

发现子脾有巢虫时,将附着的蜜蜂抖落、扫净,用镊子将巢虫清除。或将巢脾放在阳光下晒片刻,巢虫受热就会自己爬出。也可以将脱蜂的子脾数框,放入严密的蜂箱,用硫黄烟熏 2～3 分钟,将其中的巢虫杀死。

贮藏的巢脾要保护好,避免受到巢虫的破坏。保护巢脾的方法见第一章相关内容。

3. 蚂蚁　蚂蚁常从蜂箱缝隙或巢门进入蜂箱,偷食蜂蜜,骚扰蜜蜂。南方的白蚂蚁常蛀食蜂箱,造成损失。蜂场发现有蚂蚁危害时,将蜂箱垫高或放在箱架上,在蜂箱周围地面撒上生石灰或细沙。在蜂场地面喷洒 5%～10% 亚硫酸钠溶液或将灭蚁灵撒在蚁路上。还可将 5%～10% 亚硫酸钠溶液用注射器注入蜂场附近的蚂蚁窝中,洞口用泥封严。也可将硼砂 60 克、白糖 400 克、蜂蜜 100 克,充分溶解在 1 000 毫升水中,分装在小器皿内,分别放在蚂蚁经常出没的地方,以诱杀蚂蚁。

4. 黄喉貂　又叫青鼬、蜜狗等。是山区严重危害蜂群的一种敌害动物。冬季食物稀少时,它们时常在夜间潜入蜂场,用利爪破坏蜂箱纱窗或推翻蜂箱,盗食蜂蜜和蜂子,使蜂群骚乱,严重时整群毁灭。黄喉貂为国家二级保护动物不得捕杀,宜在蜂场养狗驱赶它们。

5. 蟾蜍　夏季夜晚,蟾蜍常到蜂箱前吞食蜜蜂。蜂场如有蟾蜍经常出没,可将蜂箱放在 50 厘米高的箱架上。也可在蜂箱前 30～50 厘米处,挖一条宽 30 厘米、深 50 厘米的沟,其长度按摆放蜂箱的长度而定。蟾蜍前来时会落入沟内爬不出来,捕捉后在远离蜂场的地方放生。

(三)蜂具消毒

病毒病、细菌病、寄生虫病和寄生螨病都有很强的传染性,在防治的同时要对蜂箱、巢脾及使用过的蜂具进行彻底消毒。常用的消毒药剂与使用方法如下。

1. 40%甲醛溶液 40%甲醛溶液 1 份,加水 9 份,配成 4%水溶液。将空脾、小件蜂具泡在其中 24 小时,甩净药液,清水冲洗、晾干。将巢脾装入继箱,每箱 8 个脾。将一个有纱窗的空巢箱除去铁纱,上面摞上 5 继箱巢脾,盖上木副盖,糊严各处缝隙。用瓷质或玻璃容器放入 40%甲醛溶液 2 份、水 1 份,从窗口放入巢箱,再向药液中加高锰酸钾 2 份,迅速将窗口糊严,用所产生的甲醛蒸气熏蒸 24 小时。

2. 食盐 水 1 升,加食盐 360 克,配成食盐饱和溶液。可将空脾和小件蜂具放在其中泡 24 小时,但消毒效果不如甲醛。

3. 2%热氢氧化钠溶液 50 升水加氢氧化钠 1 千克,加热煮洗蜂具、盖布、工作服等。消毒后,需用清水冲洗干净。

4. 5%漂白粉混悬液 50 升水加漂白粉 2.5 千克,洗刷蜂箱及木制蜂具。

5. 10%~20%石灰乳 生石灰 5~10 千克,加水 50 升,喷刷地面和墙壁,给越冬室、蜂场消毒。

6. 84 消毒液(含氯强力消毒液) 蜂箱、蜂具、巢脾受到细菌污染时,用 0.4% 84 消毒液洗涤或浸泡 10 分钟;受到病毒污染时,用 5% 84 消毒液浸泡 90 分钟、洗涤。

7. 氧原子消毒器消毒 氧原子消毒器通电时,电火花产生臭氧,起杀菌消毒作用。巢脾消毒可选用功率为 3 瓦的。每垛 4~5 个继箱巢脾,从下面通入导管,使巢脾继箱密封,通电 2 小时即可完成消毒,能有效杀死引起白垩病的蜂囊球菌。

8. 二氧化氯 是一种环保型高效消毒剂,能杀灭细菌、真菌、病毒及原生动物,兼有去污、除腥和除臭的功能,也可用于饮水和食品的消毒。二氧化氯粉末制剂小包装每袋 10~50 克,包装袋上有注明的实际含量。一般二氧化氯的含量为 4%~10%。蜂场、蜂具、巢脾和花粉消毒使用浓度为每升水 100 毫克,饮水消毒为每升水 1 毫克。如果 10 克二氧化氯粉的含量为 4%,要配成 100 毫克/升的消毒液,需加水 4 升,搅拌,经数分钟粉末充分溶解后即可使用。有一种商品名为"多功能杀菌剂"的二氧化氯制品,分为 A、B 两袋(各 10 克),使用时将它们混合在一起,按含量配成需要浓度的水溶液。

9. 火焰烧烤消毒 用煤油喷火器烧烤蜂箱内壁和箱底,可以杀死病原微生物。万胜种蜂场生产的火焰消毒器(图 1-41),可以连接在液化气钢瓶上使用,非常方便。

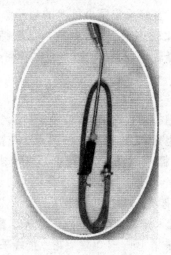

图 1-41　火焰消毒器

第二章　蜂产品及其生产技术

一、蜂蜜及其生产技术

蜂蜜是蜜蜂从植物蜜腺中采集的花蜜,经过酿造,贮藏在蜂巢里的甜味物质。蜜蜂采集昆虫排泄的甜汁酿成的蜜,称为甘露蜜。甘露蜜含有比较多的多糖(糊精)、低聚糖(麦芽糖、松三糖等)和无机盐,色泽较深,没有花蜜的香味,但可供人们食用。

(一)蜂蜜的酿造

花蜜是多种糖类的水溶液,含糖 4%～65%,还含有少量的氨基酸、有机酸、维生素、无机盐和香精油等。花蜜中含的糖主要是蔗糖、葡萄糖和果糖,有些植物的花蜜还含有麦芽糖、蜜二糖、棉籽糖等。

1. 蜜蜂采集花蜜　采集蜂落到花上,钻入花内用喙吸取蜜腺分泌的甜汁,贮入蜜囊,携回巢内。意蜂 1 蜜囊的花蜜平均重 30～40 毫克,需采集 100～1 000 朵花。蜜蜂采集 1 000 克花蜜就要往返飞行 25 000 次/只。如果蜂巢距离蜜源植物 1 千米,就要飞行 5 万千米以上。在大流蜜期,返巢的采集蜂将花蜜从蜜囊反吐出来,由巢内的内勤蜂吸入蜜囊,运到有空巢房的巢脾上,进行酿造,然后集中贮藏。

2. 酿造蜂蜜　蜜蜂把花蜜酿造成蜂蜜要经过两种不同的过程:一是将花蜜中的蔗糖转变为 1 个分子的单糖,如葡萄糖和果糖;二是把其中过多的水分蒸发掉。采集蜂把花蜜吸入蜜囊时,将唾液加在花蜜里,其中有一系列促使花蜜起化学变化的特殊的酶,主要是转化酶。返回蜂巢后,采集蜂将花蜜吐给内勤蜂,进入另一蜜蜂的蜜囊,花蜜里又混入了丰富的酶。获得花蜜的内勤蜂来到巢脾上一个不太拥挤的地方,吐出一小滴花蜜,通过喙的反复摆动,在折弯的喙间形成一片花蜜薄膜,使水分蒸发。经过酿造和初步浓缩以后,将它吐进一个巢房,起初只装满一个巢房的30%。在大流蜜期,1群蜂1天可以采集花蜜几千克至十几千克。这时巢内外有许多蜜蜂扇动四翅,使蜂巢通风,加速花蜜中水分的蒸发。到夜晚大部分蜜蜂都参加扇风活动,嗡嗡之声通宵达旦。蜂蜜的含水量降到25%左右时,即把它们集中装满巢房;含水量达20%左右时,用蜂蜡封上房口,如同罐头食品那样,可以长期贮藏。

(二)蜂蜜的成分和性质

蜂蜜基本上是糖的过饱和水溶液,其中水分是在蜂蜜酿造成熟以后留在里面的天然水,含水量在16%～25%。蜂蜜含水量在18%以下,在密封条件下才可以长期贮藏而不发酵变质。十分成熟的蜂蜜平均含水17.2%、含糖类79.6%(其中果糖38.19%、葡萄糖31.28%、蔗糖1.31%、麦芽糖和其他还原二糖7.31%、多糖类1.5%)、有机酸0.57%(包括葡萄糖酸、柠檬酸、苹果酸等及17种氨基酸)、蛋白质0.26%、无机盐0.17%(钾、钠、钙、镁、铁、铜、锰、氯化物、磷、硫等)、酶类(转化酶、淀粉酶、葡萄糖氧化酶等)、维生素(B族维生素、维生素 K、维生素 C 等),以及色素和香精油。蜂蜜是酸性的,pH 值4～5。含水17.2%的蜂蜜比重1.4225,其甜度与同重量的蔗糖大致相同。1千克蜂蜜可提供13733千焦(3280千卡)的热量。

(三)蜂蜜的抗菌性和应用

自古以来人们就使用蜂蜜作为医疗保健用品和天然的甜味剂,用蜂蜜治疗烫伤、创伤、溃疡、褥疮及胃肠炎症等,蜂蜜能迅速清除由创伤和溃疡引起的表面感染,促进伤口愈合。中医药用蜂蜜作为佐剂,调和各种药物配制丸药。经过近百年来各国学者的研究证明,蜂蜜具有抑制 60 余种细菌及多种真菌的抗菌活性。蜂蜜具有的药理活性主要包括以下几方面。

一是蜂蜜的渗透性。蜂蜜是糖的过饱和溶液,水分含量通常占蜂蜜重量的 17%～22%。糖分子和水分子相互作用,只留下极少的游离水可供微生物利用。因此,大部分种类的细菌在蜂蜜中会受到完全的抑制。

二是酸度。蜂蜜是酸性的,pH 值 3.2～5。在这样强的酸度下,许多病原菌受到抑制,因为它们通常适于在 pH 值 7.2～7.4 的条件下生长。

三是许多研究者认为,蜂蜜在使用或进行抗菌试验时被稀释,由蜂蜜中的葡萄糖氧化酶和葡萄糖酸作用产生过氧化氢,它是杀死和抑制细菌和真菌的主要成分。工蜂上颚腺分泌物含有葡萄糖氧化酶,在酿蜜过程中加入蜂蜜中,蜂蜜中的酸主要是葡萄糖酸和葡萄糖酸内酯;而且在完全成熟的蜂蜜中,葡萄糖氧化酶没有活性。当蜂蜜被稀释时,它的活性增大 2 500～50 000 倍。

四是其他成分。有些蜂蜜可能含有来源于植物的植物杀菌剂,如来自树脂的松属素(一种类黄酮)。

蜂蜜中的葡萄糖不需要消化,可以直接被身体吸收利用。而果糖在人体内变成糖原,储藏在肝脏和肌肉里,在需要时就转变成葡萄糖,输送到血液中被利用。所以,蜂蜜是快速补充能源的营养保健食品。

(四)蜂蜜生产技术

主要蜜源流蜜期(大流蜜期)是养蜂生产的旺季。在大流蜜期,具有 20～30 框蜜蜂的强壮蜂群与 5～10 框蜂的弱群相比,不管按群计算,还是按单位(每千克)蜜蜂计算,蜂蜜的产量都要高 1 倍以上。在大流蜜期,只有那些具有大量适龄采集蜂(日龄在 2 周以上的蜜蜂),并有充足后备力量(有大量封盖子脾)的蜂群才能获得高产。因此,必须在大流蜜期以前培养适龄采集蜂,做好各项准备工作。并在大流蜜期间,加强蜂群的饲养管理,给蜂群创造良好的生活环境和生产条件。

1. 培养适龄采集蜂　植物的生长发育受积温的影响。根据物候期,从早期开花植物的花期可以预测主要蜜源植物的开花流蜜期。按照工蜂的发育期和蜜蜂的平均寿命计算,培育适龄采集蜂应该在大流蜜期开始前的 51 天至大流蜜期结束前的 29 天进行。对于当地的第一个主要蜜源来说,从早春至大流蜜期结束前的 1 个月,都是在为大流蜜期培育采集蜂的时期。

2. 修造巢脾　在大流蜜期,1 个生产群至少要有 18 个巢脾供产卵和贮蜜用。可供贮蜜的空巢脾越多,对增产蜂蜜越有利。这些巢脾要预先准备好,利用辅助蜜源多造脾、早造脾,不但能增产蜂蜡,还可减少分蜂热,促进蜂王多产卵。

3. 培养生产群　在大流蜜期以前的 15 天左右,检查生产群的群势。定地饲养,这时生产群要有 10～15 框子脾、15 框以上蜜蜂。这样的蜂群,在大流蜜期开始时,可以达到 20 框蜂以上,成为强大的生产群。对达不到群势要求的蜂群,可以从弱群或新分群提出带蜂或不带蜂封盖子脾,补给生产群,使其适时壮大。弱群保留 3～4 框蜂、3 个子脾,使它继续增殖。

4. 整理蜂巢　在大流蜜期开始前 3～5 天,根据流蜜期的长短,调整好蜂巢,做到既能采蜜、生产蜂王浆,又能保持蜂群群势。

如果流蜜期不到 10 天,适当限制蜂王产卵,减少哺育工作,能增产蜂蜜。把蜂王和全部未封盖子脾留在巢箱内,两侧各加 1 个巢础框和 1 个蜜粉脾;巢箱上加隔王板,其余的封盖子脾放在上面的继箱里,封盖子脾之间加空脾,每个继箱放 8 个脾,蜂路放大至 15 毫米。如果群势强、流蜜量大,可以加 2 个继箱。将封盖子脾分别放在两个继箱内,不足的补加空脾。

如果流蜜期长达 1 个月以上或两个主要蜜源相衔接,则不限制蜂王产卵。把蜂王和 1～2 框未封盖子脾留在巢箱,两侧补加空脾和 1～2 个巢础框,并留 2 个蜜脾。继箱的布置同上。其余未封盖子脾可以提到继箱内,但 5 天后要检查,割除王台。也可以将未封盖子脾补给弱群。

5. 流蜜期的管理　大流蜜期的中心任务是保持强群,使之不发生分蜂热,集中力量采蜜,同时还可生产蜂王浆、蜂蜡等产品。取蜜掌握"初期早取,中期稳取,后期少取"的原则。在大流蜜期开始后的 2～3 天取蜜,可以刺激蜜蜂采集的积极性,同时将巢脾上原有的存蜜分离出来,便于采收单花种蜂蜜,提高蜂蜜纯度。到流蜜中期,待蜜脾的贮蜜 1/2 封盖时再提取,不可见蜜就取。到流蜜后期,一定要慎重,少取多留,分批取,保证蜂群有充足的饲料贮备。提取蜜脾,安排在蜂群大量采进花蜜的时间以前,避免当天采集的大量花蜜混入提取的蜜脾中。

采取添加继箱,分离成熟蜜,是提高蜂蜜质量和产量的好方法。原有继箱的贮蜜装满八成时,在其下面(隔王板上面)加第二继箱,使蜂群继续贮蜜。当第二继箱的贮蜜达到八成满时,将第一继箱的蜜脾提出,分离蜂蜜后,再将空脾继箱加在第二继箱下面,如此两只继箱循环贮蜜。亦可在第二继箱下加第三只继箱,1 个大流蜜期可分离蜂蜜 1～2 次。

6. 遮阳和通风　炎热会妨碍蜜蜂的采蜜活动。高温季节要把蜂群放在树荫下,中午最热的时刻使蜂群处于阴凉的地方。可用草帘、苇席或树枝盖在蜂箱上,并向南面突出,以减少阳光照射蜂箱的面积。在大流蜜期,把巢门完全打开,便于花蜜中水分的蒸发,减轻蜜蜂扇风的劳动。如果没有盗蜂和敌害,还可以将继箱向前错开 20 毫米。

7. 预防盗蜂 到流蜜后期,蜜源减少或断绝时,特别在秋季容易发生盗蜂,要注意预防。

(五)取　蜜

取蜜作业包括脱除蜜脾上的蜜蜂和将蜜脾里的蜂蜜分离出来。在操作前,把取蜜场所清扫干净,取蜜工具和蜂蜜容器要洗净、晾干。

1. 取蜜工具 主要有分蜜机、割蜜刀(图 2-1)、滤蜜器、盛蜜容器、蜂扫、起刮刀、喷烟器等。分蜜机有多种,最简单的是 2 框换面分蜜机(图 2-2)。

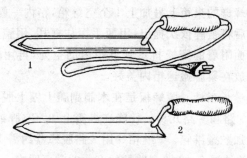

图 2-1　割蜜刀
1. 电热割蜜刀　2. 普通割蜜刀

实行规模化饲养,生产 41 波美度以上的高浓度蜂蜜,采用辐射式电动分蜜机可以提高效率。现在蜂具厂家已生产出 6 框、8 框、16 框和 24 框电动分蜜机(图 2-3)。

2. 脱蜂 根据蜂场规模和蜜脾数量,脱蜂方法有以下几种。

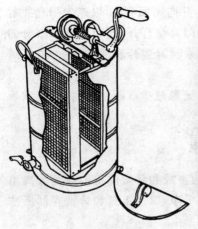

图 2-2　2 框换面分蜜机　　　　图 2-3　24 框电动分蜜机

(1)抖脾脱蜂　把贮蜜继箱从蜂群搬下,放在翻过来放置的箱盖上,在蜂群的巢箱上另加上 1 个空继箱,箱内一侧放 2～4 个空巢脾,然后将蜜脾依次提出,用两手握住框耳,用腕力突然上下抖动,把上面附着的蜜蜂抖落到继箱内的空处,再用蜂扫将少量附蜂扫净,放在巢脾搬运箱内盖好。

(2)脱蜂板脱蜂　脱蜂板是在木制副盖上镶上脱蜂器。脱蜂器有 2 路、6 路和多路几种。傍晚在巢箱上加一空脾继箱,上加脱蜂板,再上加贮蜜继箱。1 继箱蜂用 2 路脱蜂器约需 12 小时可以脱净,6 路的约需 6 小时,多路的约 2 小时就可脱净。

(3)驱避剂脱蜂　苯甲醛和丙酸有驱避蜜蜂的作用。先用厚 15 毫米、宽 40 毫米的木板钉一个与继箱外围相同的木框,上面钉 6 层黑布,再上钉一层铁皮,表面涂黑漆。使用时,先向贮蜜继箱喷几下烟,把蜜蜂向下驱逐。在脱蜂罩的布上洒上 1：1 的苯甲醛水溶液或 1：1 丙酸水溶液,扣在继箱上,经 3～5 分钟就可把蜜蜂驱赶到下面箱体。苯甲醛在 18℃～26℃时、丙酸在 26℃～

38℃时使用效果好。

（4）**吹蜂机脱蜂** 将贮蜜继箱放在吹蜂机的铁架上，用喷嘴顺着蜜脾的间隙吹风，将蜜蜂吹落到蜂群的巢门前（图2-4）。

（5）**电动双用脱蜂器** 河北省滦平县养蜂专业户刘玉强结合生产实际，制作了一款手持电动振动式脱蜂机，是仿照双手抖脾的动作设计的。使用时，一手握住脱蜂机手柄，将蜜脾上梁夹入夹抱器内，握紧闸把，提起巢脾，打开触动开关，2秒钟即可抖净蜜脾上的蜜蜂。用另一只手握住巢脾上梁一端，松开闸把，将蜜脾放入转运箱。如果巢脾被蜂胶粘连较紧，可用另一只手持蜂扫，撬松巢脾。图2-5是河北省廊坊市蜂业设备研究所生产的电动双用脱蜂器。

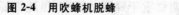

图2-4 用吹蜂机脱蜂 　　图2-5 脚踏电动双用脱蜂器

3. 分离蜂蜜 又称摇蜜。应在清洁、能防止蜜蜂钻入的房间内进行，把分蜜机固定住，以免在分离蜂蜜时分蜜机剧烈晃动。

用割蜜刀把封盖蜜房的房盖割去,将重量相似的蜜脾放入分蜜机的框架内,转动分蜜机把蜂蜜分离出来。

分离子脾上的蜂蜜时要注意避免碰压脾面,放慢转速以免甩出幼虫。

分蜜机有 2～4 框换面、2～4 框活转及多框辐射式等多种型号,根据蜂场规模选用。最好采用不锈钢分蜜机。如用镀锌铁皮分蜜机,要在桶内涂上一层蜂蜡防锈,使用前后清洗干净。

分离出的蜂蜜过滤后,装入容器,密封。贮存蜂蜜的容器应是能防锈和密封的。蜂场可用水缸加盖贮存蜂蜜。专用的蜂蜜容器是涂上聚酯防锈涂料的钢桶。

切割的蜜房蜡盖,放置在容器上的纱网上,将附着的蜂蜜滤出,再用温水洗净,制成蜡块。

一年中取完最后一次蜜时,将分离过的空脾放于继箱内,加到强群上,让蜜蜂把脾上的余蜜清理干净,然后熏蒸贮藏。

(六)主要蜜源植物流蜜期的管理

全国有 20 多种能生产大量商品蜜的主要蜜源植物,它们的开花流蜜期就是蜂产品的生产时期。应根据气候、蜜源、蜂群和产品适销情况,把握有利时机,生产蜂蜜、蜂王浆、蜂花粉、蜂毒、蜂蜡、蜂胶等各种产品。这里介绍其中 10 余种主要蜜源植物流蜜期的管理要点。

1. 油菜、紫云英流蜜期 油菜、紫云英是长江、淮河流域及其以南广大地区春季最主要的蜜源。油菜有多个品种,白菜型的本地油菜种植面积小,开花早,花期处于蜂群恢复发展时期,一般作为蜂群的辅助蜜源。这个时期着重于蜂群的增殖,迅速把蜂群培养强壮。更替越冬蜂时期,缩小蜂巢,使蜂多于脾,等到新蜂出房以后,逐渐扩大蜂巢,注意子脾不要让存蜜压缩产卵圈。

甘蓝型的胜利油菜开花较晚,与紫云英花期相连接,是采蜜、生产蜂王浆、进行人工育王、人工分蜂、更换老劣蜂王、造脾的有利时机,应紧紧抓住,争取全面丰收。油菜花粉多,可以采集蜂花粉。紫云英花期,蜂群已经强壮,要注意控制分蜂热。

陕、甘、宁、青和新疆等西北地区的油菜属于春播的芥菜型,花期在6~7月份,从南向北或从东向西花期推迟。其中以青海省的油菜面积最大、最集中,产量稳定,可以强群生产蜂蜜、蜂王浆,兼顾蜂群繁殖,注意防治蜂螨。

2. 刺槐流蜜期　刺槐的花期只有1周左右,花期短,易受寒潮风雨影响,只有15框蜂以上的蜂群才能采到蜜。可进行转地饲养,以采集2~3个地方的刺槐蜜。刺槐流蜜期也要生产蜂王浆、育王、分蜂和造脾。

3. 荔枝、龙眼流蜜期　荔枝、龙眼是华南亚热带地区的珍贵果品。花期适温18℃~24℃,泌蜜适温15℃~32℃。应选择大年、树势生长茂盛、2种果树都有种植、附近有瓜类等蜜粉源的地方放蜂。待果园防治虫害喷过农药后进场,将蜂群放于树荫下,防止阳光暴晒。注意防治蜂螨和幼虫病,防除蟾蜍等敌害。定地蜂场在流蜜后期,应留足越夏饲料蜜脾。如遇低温阴雨出现缺蜜、缺粉时,应及时补饲。

4. 枣树流蜜期　枣树花期长达1个月,花期长,泌蜜多,但缺少花粉,而且花期多干旱、气温高。枣花蜜含有较多的钾盐并有生物碱,采集蜂易中毒死亡,发生所谓的"枣花病"。应选择兼有玉米、瓜类、紫苜蓿或者枸杞等蜜粉源的地方放蜂。注意给蜂箱遮阳、通风、洒水降温,饲喂酸性解毒药物或坚持每天喂稀糖浆。

5. 橡胶树流蜜期　橡胶树是热带、亚热带蜜源植物,除花内蜜腺外,在叶柄和叶片背面叶脉上也有蜜腺,而且花外蜜腺的泌蜜量大。1年有3个流蜜期,第一次在3~4月份,泌蜜量大,第二次在7月份,第三次在11月份。通常采集橡胶树的第一个流蜜期。将蜂场设在橡胶树生长强壮茂盛,附近有辅助蜜粉源,场地开阔,排水良好的地方。注意防暑、治螨、防治幼虫病和捕杀胡蜂、蟾蜍、蜘蛛、蝶螈等敌害。同时,要控制分蜂热。

6. 白刺花流蜜期 白刺花又名狼牙刺。主要生长于秦岭山区,这里还有漆树、五味子和各种山花,流蜜期可长达 1 个月。白刺花泌蜜适温为 25℃左右,在大年开花期,一眼望去全株都是花,即花中藏叶,泌蜜多;小年看到的都是叶,即叶里藏花,泌蜜少。有的地方,如宝鸡地区,在白刺花末期有有毒植物开花,蜜蜂常发生花粉中毒,要注意提早转场。

7. 紫苜蓿流蜜期 紫苜蓿花期 20 天左右,泌蜜量大。种植在黄土旱地的植株生长健壮,花多,蜜多。种植在坡地的长得稀疏,通风好,光照足,泌蜜也多。蜜蜂采集紫苜蓿时,时常只把喙伸入花瓣之间吸取花蜜,因此采集不到花粉。要选择有其他粉源的地方放蜂或补喂花粉。

8. 乌桕流蜜期 乌桕花有雄花、雌花和两性花,群体开花先后交错,花期 30 余天,泌蜜量大,花粉多,开花泌蜜最佳温度为 25℃～32℃。乌桕花期正值炎夏,要做好防暑降温工作,防治病敌害。乌桕流蜜期结束以后有棉花蜜源,要采取生产和繁殖并重的方针。有时刮西南风,乌桕流蜜会突然终止。乌桕流蜜后期取蜜时可预留部分饲料蜜脾。如果发现乌桕发生大量蚜虫危害,为避免采甘露蜜而危害蜜蜂,要尽快转场。

9. 荆条流蜜期 荆条为山区的落叶灌木,花期长达 1 个月,泌蜜量大,有花粉,但是粉源不能满足蜂群繁殖的需要,应选择附近有玉米、瓜类等粉源植物的地方放蜂才会有好收成。注意防暑遮阳,加强蜂箱通风。流蜜期结束以后,防治蜂螨。浅山区和深山区的荆条流蜜期相差 10 多天,可以进行转地饲养。

10. 椴树流蜜期 吉林、黑龙江地区几种椴树花期衔接,流蜜期有 20 余天,泌蜜量大,但是不稳定。同期还有大量野生草本植物开花、粉源充足,以后又有胡枝子蜜源。因此,要强群采蜜,弱群繁殖,生产和繁殖两不误。在椴树开花的中后期,如果遇到暴风雨等严重自然灾害,就不再泌蜜。此时可以继续生产蜂王浆,并以生产群的子脾补助新分群或弱群,使每个蜂群都能较快地发展,为下一个大流蜜期培养更多的生产群。

11. 老瓜头流蜜期 老瓜头是内蒙古、宁夏、陕西荒漠地区的主要蜜源植物,分布面积有200 100多公顷。花期约2个月,大流蜜期1个多月。蜜腺裸露、泌蜜量大而稳定,蜜蜂容易采集,是高产稳产的蜜源植物。老瓜头花粉少,花期天气干旱,因此应选择老瓜头生长多而茂盛、无虫害,并且有水源的地方作场地。注意防暑,在副盖上放小草帘,箱盖覆遮阳物,经常喂水,加强蜂箱通风,饲喂花粉。

12. 向日葵流蜜期 向日葵因种植早晚不同,花期长达1个月,泌蜜量中等,花粉多。种植高粱的地方,干旱年份高粱易受蚜虫危害,产甘露蜜。在向日葵初花期,要特别注意农民防治蚜虫使用农药引起蜜蜂农药中毒和甘露蜜的危害。养蜂场地应选择土质肥沃,向日葵种植面积大,集中成片,避开与高粱间种或附近高粱多的地方。向日葵花期容易发生盗蜂,巢门大小以蜜蜂进出不拥挤为度,花期后期缩小巢门。检查蜂群,取蜜和生产蜂王浆等工作尽量结合在一起进行,减少开箱次数,最好在早晨蜜蜂未大量出巢以前做完。发生盗蜂时,要及时采取措施。

13. 棉花流蜜期 棉花花期长达2个多月,流蜜期长,花粉少,天气热,敌害多,同时经常为防治棉花害虫而喷洒农药,蜂群群势容易下降。应选择有树荫、有水源、附近有瓜类等粉源植物的地方设场,将蜂群放于树荫下,并且补喂花粉。这个花期的主要敌害有蜻蜓、天蛾、蚂蚁、蟾蜍等,应加以驱赶或捕杀。一般可采取抓两头、避中间的办法防止农药中毒。7月份花外蜜腺已经流蜜,尚未普遍施用农药,可将蜂群运去采1~2次蜜;进入棉花流蜜盛期时,要经常与农民联系,了解使用农药的品种和日期,在使用剧毒农药时,要及时转移蜂群;棉花流蜜后期,有麻类等杂花,是恢复群势的有利时机,在抓生产的同时,应注意促进蜂群的增殖。

新疆吐鲁番地区的海岛棉种植区,8月份的气温高达45℃,夜间气温降至18℃～20℃,昼夜温差大,日照时间长,灌溉条件好,棉花泌蜜量大,并且棉花病虫害少,很少使用农药,为棉花蜜的高产地区。

14. 荞麦流蜜期 荞麦花流蜜量大,容易发生贮蜜压缩蜂王产卵圈的情况,应在取蜜时调整蜂巢,供给蜂王产卵的空巢脾。荞麦流蜜的前期,留下部分蜂群越冬用的蜜脾;中后期注意培养越冬蜂,在留足越冬饲料蜜脾的前提下,大量取蜜。在荞麦流蜜后期,随着气温下降和群势的削弱,及时缩小巢门,防止发生盗蜂。合并弱群,更换老、劣蜂王。蜂螨危害是造成蜂群秋季衰弱和越冬死亡的原因之一,应注意防治。

15. 柃属植物流蜜期 柃属植物在我国有80余种,分布于亚热带和热带,以湖南、湖北、江西的丘陵山区最集中。因品种不同,其花期从10月份延续至翌年2月份,主要在10～11月份由中蜂生产柃蜜(通常称冬桂蜜)。中蜂常年每群可产柃蜜10～20千克,意蜂在10月上旬可生产部分柃蜜。中蜂可早进山,借助山花繁殖,增强群势。但应注意饲喂酸性解毒饲料,预防同期开花的油茶蜜中毒。注意保温。后期留足饲料,预防胡蜂、蚂蚁等敌害。意蜂在10月中旬提早转场。

16. 茶花流蜜期 茶树是我国南方的经济作物,种植面积在667 000公顷以上,分泌花蜜及产花粉都较多,是秋季的大蜜源。茶花蜜中含有微量的咖啡因及茶皂苷,主要含有棉籽糖和水苏糖等寡糖成分,其中的半乳糖约占茶花蜜中总糖的4%。蜜蜂幼虫不能利用半乳糖,从而引起消化、代谢障碍,5日龄以后的大幼虫大批死亡、腐败，产生酸臭味。采取分区管理结合饲喂糖浆能有效防治茶花蜜中毒。在茶花花期还能生产茶花花粉。

采取分区管理，使蜜蜂的繁殖不使用茶花花蜜。用闸板将巢箱分隔成有蜂王的繁殖区及另一侧的采蜜区，巢门开在采蜜区，上面加隔王板和继箱，继箱放封盖子脾和空脾；在繁殖区的隔王板上面用布盖上大部分，只在靠箱壁一侧留出一条 10 毫米宽的空隙，蜜蜂可以通过隔王板出入。每隔 1～2 天，用 50％糖浆或其他蜂蜜的蜜水饲喂繁殖区，保证繁殖的饲料充足。在盛花期，每天上午可安装花粉采集器，采收茶花花粉。

弱群用中央镶铁纱的闸板将巢箱分隔成繁殖区和采蜜区，巢箱上放纱副盖，巢门开在采蜜区。每隔 1～2 天，对繁殖区饲喂糖浆或蜜水。

17. 油茶流蜜期　油茶在我国南方分布面积广、数量多、泌蜜、产粉多。由于蜜蜂采集油茶蜜粉后蜜蜂幼虫大量中毒死亡，成蜂寿命缩短，致使丰富的油茶蜜源长期得不到开发利用。中国林业科学研究院林业研究所赵尚武从 1980 年开始进行油茶蜜源的研究，查明油茶蜜蜜、花粉中含有生物碱等对蜜蜂有害的毒素，研制出"蜜蜂营养解毒冲剂"，使油茶蜜源得到了开发利用。油茶林经过蜜蜂采集授粉，每群可产油茶蜜 20 千克，油茶平均每 667 米² 产油量提高 1～2.4 倍，增产极为显著。

油茶花蜜除含有少量生物碱外，与茶树同样含有较多的棉籽糖和水苏糖，蜜蜂不能利用其中的半乳糖，造成消化、代谢障碍，从而产生中毒现象。可采用上述的分区管理法。目前，"蜜蜂营养解毒冲剂"已经停产，可饲喂酸性饲料。每升糖浆加 0.6～1 克柠檬酸，每隔 1～2 天，在每群的繁殖区饲喂酸饲料 100～300 克，保证繁殖区的饲料充足。

油茶流蜜期蜂群管理要点是：及时取蜜，勤喂解毒剂。每 3～5 天取 1 次蜜，同时抽出粉脾，留作翌年春季缺粉时用。蜂群进入油茶场地,从油茶始花就坚持每晚每群饲喂酸性饲料。严格控制巢内进粉量。在蜂箱前放置脱粉器,只允许少量花粉进巢。蜂巢进行保温。油茶花盛期以后,完成采蜜授粉后,及时从油茶林迁出,转移到有枥属、菊科、蓼科植物的地方,直到翌年早春采油菜花蜜。诱导蜜蜂授粉,可用加入油茶花的糖浆混合酸性饲料喂蜂,或用油茶花粉与加入酸性饲料的糖浆混合,制成糖饼饲喂,效果更好。

(七)巢蜜生产技术

巢蜜是养蜂场专门生产的、经过蜜蜂酿制成熟的、储存在新造巢脾内的封盖蜜脾。巢蜜保持着蜂蜜本来的面貌和特性,具有浓郁的花蜜芳香,纯天然,无污染,能够充分体现蜂蜜的真实性,深受广大消费者的欢迎,而且售价比分离蜜高 5 倍以上。目前,我国每年约可生产巢蜜和脾蜜(整框封盖的蜜脾)500 吨,供不应求。巢蜜生产进入了新的发展时期。

巢蜜按生产形式和商品包装的不同可分为以下几种:格子巢蜜,是在小木框、塑料框或塑料巢蜜盒内,生产的小块巢蜜;脾蜜,是在标准巢框或浅巢框内生产的整框巢脾蜜;切块巢蜜,是将脾蜜按不同重量和形状切成小块包装;混合块蜜,是将切割的小块巢蜜和液态蜂蜜包装于同一玻璃瓶中。

1. 蜜源条件和蜂场设施 巢蜜不仅要求口味香甜,而且要求颜色浅淡,外观漂亮。生产巢蜜需要有数量众多、花期较长、蜜汁色泽浅淡、气味芳香、不易结晶、流蜜量大的主要蜜源植物,如紫云英、紫苜蓿、车轴草、草木樨、荆条、椴树等。

蜂场院内应有工作室和仓库。工作室除供组装巢蜜格、巢蜜继箱及临时储存、清理和包装巢蜜外,还可对采收的巢蜜进行脱除多余水分或熏蒸杀虫处理。因此,工作室的门窗要严密,能防止蜜蜂进入,窗上装有便于蜜蜂爬出的脱蜂装置。室内有加热、通风、去湿设备。

2. 工具和设备　生产巢
蜜的设备包括巢蜜格（盒）、
框架和浅继箱、脱蜂器、切割
器等。

（1）巢蜜格　以前巢蜜格
是用木板制造的，可用椴木、桐
木、杉木或三合板制造。笔者
按 10 框标准蜂箱规格设计的
带蜂路的长方形巢蜜格，外围
尺寸为 70 毫米×100 毫米×40
毫米，蜂路宽 5 毫米（图 2-6）。
这样的巢蜜格，每块巢蜜净重
约 250 克。巢蜜格的框架用
10 毫米厚、30 毫米宽的木板

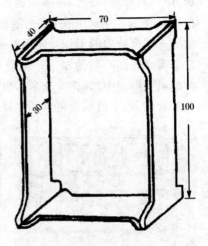

图 2-6　带蜂路的巢蜜格
（单位：毫米）

制造，内围为 525 毫米×105 毫米，可装入 6 个巢蜜格。使用标准
尺寸巢框，上、下两排装 12 个巢蜜格。在木质巢蜜格表面涂上一
层石蜡，可预防蜜蜂在上面涂上蜂胶。现在有许多单位出售多种
形状和规格的塑料巢蜜格。

（2）安装巢础　生产巢蜜需使用纯净蜂蜡压制的薄型巢础。
为使镶在巢蜜格子里的巢础恰好位于格子中央，可制作一个安装
巢础的垫板，垫板由 8～12 个木块钉在木板上制成（图 2-7）。每
个木块的长度和宽度约比巢蜜格内围小 2～3 毫米，高度为宽度
的一半（20 毫米）。使用时，把巢蜜格套在木块上，把切好的巢础
放入格子内，用熔蜡把巢础粘在格子中央。

（3）浅继箱　与巢蜜格的尺寸配套，高度为 140 毫米，长、宽
与标准蜂箱相同。

（4）塑料巢蜜格盒　绿纯（北京）生物科技发展中心生产的

孔通道和八字形弹簧片构成(图 2-10)。蜜蜂从盖板中央的圆形孔进入,从八字形出口走出,就不能返回。以后人们按同样的原理制成 6 路及多路的脱蜂器。另外一种是用铅丝纱制成圆锥形的脱蜂器(图 2-11)。将脱蜂器安装在与蜂箱上口大小相同的木板上,加上框边制成脱蜂板(图 2-12)。使用时,将脱蜂板放在贮蜜继箱和下面箱体之间,经过数小时,贮蜜继箱中大部分蜜蜂通过脱蜂器进入下面的箱体。采收巢蜜时,使用脱蜂板可减少用蜂扫扫除蜜蜂,避免蜜房封盖受到损伤。使用脱蜂器要注意保持继箱通风。

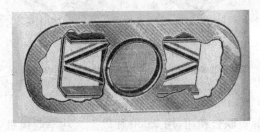

图 2-10 2 路脱蜂器剖面示意

图 2-11 圆锥形脱蜂器

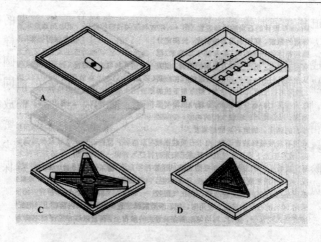

图 2-12　各种脱蜂板

A. 2 路脱蜂器的脱蜂板　B. 具圆锥形脱蜂器的脱蜂板
C. 十字形脱蜂板　D. 三角形脱蜂板

　　与脱蜂板联合使用,用 2 000 瓦以上大功率吹风机,就可将附着在巢蜜上的少量蜜蜂吹走。

　　(6)吹蜂机　生产整框蜜脾和巢蜜,采用专用的吹蜂机可以节省大量劳力和时间。吹蜂机由动力、鼓风机、输气管和长扁形喷嘴构成(图 2-13)。动力一般采用 750~1 500 瓦的小型汽油机,也可采用电动机作为动力。

　　(7)继箱支架　钢管制造的支架,上面可放置贮蜜继箱,下面有滑道(图 2-14)。使用时,将继箱支架放在蜂箱前,把贮蜜继箱放在支架上,将吹落的蜜蜂扫到巢门前。也可将吹蜂机与继箱支架安装在一起,下面安装小车轮,可推到操作的蜂箱前。

　　(8)巢蜜切割器　中蜂不采集树胶,巢脾洁白,适合生产巢蜜。巢蜜切割器适用于各种活框蜂箱饲养的蜂群生产的脾蜜,也可用于老法饲养的中蜂采收的封盖蜜脾。采用特制的巢蜜切割器可按照巢蜜包装盒的大小和形状将脾蜜切割成不同大小(重

图 2-13 吹蜂机　　　图 2-14 可折叠的继箱支架

量)的巢蜜;也可按巢蜜切割器的形状和尺寸制定不同的容器。生产 15～30 克的小块巢蜜,使用巢蜜切割器非常方便。

　　巢蜜切割器用不锈钢板制造,下面是切割的刀口,上面为手柄,可按需要制成方形、椭圆形、圆形、六角形等不同形状和尺寸的切割器(图 2-15,图 2-16),具弹簧推杆的切割器可将切下的巢蜜推出。

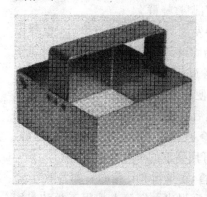

图 2-15 巢蜜切割器　　　图 2-16 具弹簧推杆的
　　　　　　　　　　　　　　　　　巢蜜切割器

将切块巢蜜放在底部铺有纱网的盘子里,让边缘的蜂蜜流净。或者选择弱群,在其巢箱上加隔王板(或纱盖)和空继箱,放入切块巢蜜,让蜜蜂将边缘的蜂蜜清理干净。大规模生产切块巢蜜,要用盘式分蜜机。

3. 调整蜂群和控制分蜂 春季在饲养管理蜂群方面,生产巢蜜和生产分离蜜基本相同。生产巢蜜一般在大流蜜期已经开始以后调整蜂群,把拥有 2~3 个箱体的蜂群压缩到 1 个箱体内,使蜜蜂密集,同时在上面加上巢蜜继箱。生产巢蜜要求蜂群强壮、蜜蜂密集,因此容易发生自然分蜂,影响巢蜜生产正常进行,必须事先采取措施,采用年轻的蜂王,加强蜂巢通风,采取一切有利于控制自然分蜂的管理措施。

(1)秋季的新王群 在当地蜂王停止产卵前的 2 个月左右培养新蜂王。按照生产计划、当地秋季蜜源情况或蜂群贮蜜情况,从原群分出数个 2~4 框蜂的分蜂群,诱入成熟王台。到蜂王停止产卵,准备蜂群越冬时,淘汰老的、不好的蜂王,合并蜂群,使每个越冬群都有 6~8 框蜂(2 千克蜂)以上。越冬后的强群,在春季按常规管理,到开始生产巢蜜时,调整蜂群。

在主要蜜源开始流蜜时,将发展到 8~10 框子脾、14 框蜂以上的继箱群(2 个箱体的强群)撤除继箱,将蜂王和 5~7 框封盖子脾、1 框蜜粉脾放在巢箱,两侧各放 1 个隔板,使巢箱内两侧都有适当空隙,便于空气流通,也方便检查蜂群。将原群多余巢脾上的蜜蜂大部分抖落到巢门前,然后在巢箱上加上隔王板和生产巢蜜的继箱。将剩下一小部分蜜蜂护理的未封盖子脾组成分蜂群,1 天后诱入 1 个成熟王台。也可用剩下的子脾补助弱群。

继箱强群也可以不撤除继箱,在巢箱和继箱的一侧各放 6~7张脾,将多余巢脾上的蜜蜂抖落后提出。继箱上加隔王板和巢蜜继箱。

(2)双王群 秋季新蜂王的双王群,到春季按常规管理。开始生产巢蜜时，提出 1 只蜂王和少量卵虫脾，组成辅助群，放在原群旁边。放在原址生产巢蜜的蜂群，按上述方法处理。

（3）老王群　越过冬的蜂群中如果是 1 周年以上的老蜂王，在新蜂更替了老蜂以后，给蜂王剪翅，可防止发生自然分蜂。蜂群发展到 8 框蜂左右时，在巢箱用闸板隔出 2 框位置，放入 1 框带蜂封盖子脾、1 框带蜂蜜粉脾，作为分群，诱入人工培育的王台。新蜂王交配、产卵后，组成双王群。开始生产巢蜜时，淘汰老蜂王，组成单王强群生产巢蜜；或者将老蜂王带少量卵虫脾提出，组成分蜂群，放在原群旁边，作为补助群。

（4）以两群为一组　将两群蜂并列放置，在流蜜期开始的 10 天前，将辅助群的封盖子脾调到巢蜜生产群，同时将它的蜂王和 1~2 框幼虫脾、1 框蜜脾取出，组成分蜂群，或者与其他蜂王组成多王群。4 天以后检查巢蜜生产蜂群，割除筑造的王台，8 天后再次割除王台。流蜜期开始时，调整巢蜜生产群，巢箱放入封盖子脾和蜜脾 6~7 张，诱入 1 只新产卵蜂王，加上巢蜜继箱。到流蜜盛期，将辅助群搬开，使其采集蜂飞入巢蜜生产群，加强巢蜜生产群的力量。

（5）多箱体蜂箱养蜂　采用多箱体养蜂的方法，当蜂群发展到 20 框蜂以上、占用 3 个箱体时，每隔 7~10 天将最上面箱体和最下面箱体对调位置，使各箱体的子脾均衡发展，同时可以抑制分蜂。流蜜期开始，巢脾上装上新蜜以后，调整蜂群。把有蜂王的箱体（含其中的蜜蜂和子脾）放在箱底上。大多数情况，蜂王在最上面箱体里产卵，所以可把上面的箱体移到下面，并在其上加 1~2 个装满巢蜜格的巢蜜继箱。同时，将其他两个箱体里巢脾上的大部分蜜蜂抖落到留下箱体的巢门前，巢脾上剩下少部分足够护理子脾的蜜蜂。撤出的子脾可以用来组织新分群，1~2 天后诱入 1 只新蜂王或成熟王台。

将蜂群压缩到 1 个箱体，少部分蜂群可能产生分蜂情绪，筑造自然王台。故在 4 天后要检查蜂群,仔细查找王台。最好在巢箱和继箱之间加上抽屉式产浆框,生产蜂王浆,能控制分蜂热。当年的新王群基本上不分蜂;蜂王年龄不到 1 周年的蜂群,筑造王台准备分蜂的情况约占 10%。对于已经制造了许多王台的蜂群,在割除王台 2 天后,取出其蜂王,诱入人工分群或者组织多王群。同时,将每个子脾的蜜蜂都抖落在巢门前,仔细寻找王台,把王台除净,并且记录取出蜂王的蜂群号和日期。

在取出蜂王的 4～5 天后,再一次抖落蜜蜂和割除王台。在取出蜂王的 8 天后,再一次割除王台,同时给蜂群诱入 1 只新产卵蜂王。此时蜂群已经失王 8 天,并且巢内已经没有培养蜂王的适龄幼虫,绝大部分蜂子已经封盖,是诱入蜂王的最佳时期。以后就按其他正常蜂群管理。

4. 加继箱 生产巢蜜或脾蜜,最好使用浅继箱,根据流蜜情况便于调整继箱叠加的数量。用普通的深继箱生产巢蜜或脾蜜,与处理浅继箱的方法相同。加上第一继箱时,蜜蜂应该立刻开始修造新巢脾。第一继箱里蜂蜜装满一半以上时,加上第二继箱。新加的继箱加在原有继箱的上面。蜜蜂多半首先将蜂蜜装满继箱的中部和后半部,继箱的前部装蜜比较慢。在每次叠加或搬动继箱时,注意将继箱调头,使装蜜较少的那一侧转到后面,使继箱内的贮蜜均衡一致。第二继箱已经造好巢脾时,就把它调到巢箱上面、第一继箱下面。当第一继箱将近装满蜂蜜、第二继箱装上一半以上蜂蜜时,在最上面加第三继箱。

第三继箱造好巢脾时,把它调到巢箱上,上面放上第二和第一继箱。如果需要第四继箱时,把它加在最上面。1 个继箱的巢蜜完全封盖后,就可以把这个继箱撤下,脱除蜜蜂,进行处理。巢蜜继箱的叠加方法见图 2-17。

5. 采收和包装 巢蜜的采收和包装,包括采收、脱蜂、杀虫、去湿、清理和包装几项工作。

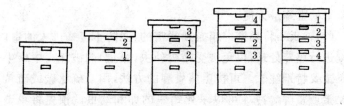

图 2-17 巢蜜继箱的叠加方法

（1）采收 在给巢蜜继箱前后调头或上下调动位置时，可凭经验估计出继箱充满蜂蜜和封盖的程度。有时巢蜜格的上部已经封盖，下部还没有封盖。从继箱前面或后面提起来，可以查看巢蜜格下部的封盖情况。还要注意一般是巢蜜继箱外侧边角处的格子最后封盖，而在生产大块巢蜜时，则常常是外侧的蜜脾已经封盖，而中央的 1～3 个蜜脾的下部还没有封盖。在移动继箱时，动作要平稳，用起刮刀将继箱的前下角和后下角慢慢撬松动，把继箱后面稍稍提起来，然后提起前面，把整个继箱平稳地向上提起搬开。如果用起刮刀插入继箱的一个下角强力撬动，立刻提起继箱，往往使蜜脾的一些封盖破裂，脾面上流出蜂蜜。

用起刮刀把继箱之间的赘脾刮除干净，将赘脾放在有盖的容器内，以免引起盗蜂。清理后将继箱仍然放在蜂群上，10 余分钟后蜜蜂就会把流出的蜂蜜吸净。

（2）脱蜂 使用蜂扫扫除巢蜜格上的蜜蜂时，要注意蜂扫的清洁，沾有蜂蜜的蜂扫会污染巢蜜的封盖。最好采用脱蜂板或吹蜂机脱蜂。将镶着脱蜂器的脱蜂板放在其他继箱上，然后放上封盖的巢蜜继箱，盖严箱盖。也可以选择一个比较弱的蜂群，在其箱体上加上脱蜂板，上面摆上几个封盖巢蜜的继箱。经过 1 天，绝大部分蜜蜂通过脱蜂板爬出，把巢蜜继箱从蜂群取下来，扫除剩余蜜蜂，运到室内。在炎热天气使用脱蜂板时，需在继箱上使用铁纱副盖，使箱内通风，以免巢蜜受热坠毁。使用吹蜂机吹出继箱里的蜜蜂最方便。

（3）杀虫　将巢蜜继箱搬到严密的、能防止蜜蜂进入的室内，立刻进行熏蒸处理，以免遭受蜡螟幼虫（巢虫）的破坏。中蜂生产的巢蜜要特别注意。可按熏蒸巢脾的方法，用二硫化碳或硫黄熏蒸巢蜜或蜜脾。冷冻可以杀死蜡螟的卵和幼虫。预先将巢蜜格上的蜂胶和蜡瘤刮除干净，装入食品塑料袋内密封。这样，可以防止冰箱内其他食品的气味污染巢蜜，而且冷凝的水汽也不会存留在巢蜜封盖的表面。在一15℃以下冷冻24小时。

大量的巢蜜或脾蜜可用二氧化碳熏蒸。在37℃、相对湿度50%左右，于严密的熏蒸室内保持二氧化碳浓度98%，经过4小时就能将各个发育阶段的蜡螟杀死。这样高浓度的二氧化碳可使人窒息死亡，必须注意人员安全。所以，熏蒸室要严密不透气，同时要有排风扇，熏蒸后进入室内以前，必须把二氧化碳排出，通入新鲜空气。

（4）去湿　在高湿季节生产巢蜜，蜂蜜的含水量往往比较高，在熏蒸杀虫以后，检查蜂蜜的含水量，如果超过18.6%，由于酵母菌的繁殖，蜂蜜会很快发酵变酸，并且将封盖胀破，蜜汁流出。

为降低巢蜜的含水量，在严密的室内应安装电加热器、去湿机和排气电风扇。把巢蜜继箱放在木架上，各箱以"十"字形互相错开重叠在一起，便于箱体内外的空气流通。使室温保持在25℃～30℃，开动去湿机，使室内湿度降低，再开动排风扇排出湿气，直到蜂蜜的含水量降至18.6%以下。在24小时内可以排除蜂蜜中1%～3%的水分。

（5）清理和包装　预先在表面涂上石蜡的巢蜜格，用新的剃须刀刀片将表面刮干净，边缘和四角的蜂胶用锋利的小刀清理。仔细、彻底清理好的巢蜜可以装入塑料袋内热封，再装入有窗口的纸盒。新式包装是将巢蜜格装入无色透明的塑料盒内，用塑料胶带密封。

（八）大块巢蜜生产技术

大块巢蜜是用浅巢框生产的整张的封盖蜜脾。把这种封盖蜜脾切割成适当大小的巢蜜块，就成为切块巢蜜；将切块巢蜜和液态蜂蜜一同装在玻璃瓶内，就是混合块蜜。

1. 大块巢蜜的生产　生产大块巢蜜的浅继箱通风条件比格子巢蜜继箱要好，比较容易控制分蜂热。但是它比生产分离蜜时的蜂巢拥挤，对于控制分蜂仍不能放松。生产大块巢蜜的浅巢框容易制造，可以重复使用，不需要生产格子巢蜜的专门设备。其缺点是切割后切块巢蜜的四周没有框架保护，封盖容易被弄破。

大块巢蜜与格子巢蜜的生产方法相似。在将蜂群调整成1个巢箱时，在巢箱和浅继箱之间必须加隔王板，因为蜂王容易爬到浅继箱内的巢脾上产卵。如果不使用隔王板，可把巢箱上加的第一只浅继箱作为育虫箱用，同时将里面放的空巢脾距离加宽至15毫米。在作育虫箱用的第一只浅继箱的巢脾上，由蜜蜂贮存上50～75毫米宽的封盖蜜以后，不仅可以防止蜂王向上爬入大块巢蜜继箱，还可防止蜜蜂将花粉贮藏在巢蜜继箱里新造的巢脾内。因为蜜蜂是将花粉分散贮藏在巢脾的四周的，不易切除。

生产大块巢蜜要使用较薄的巢础，它容易受温度升高的影响而使巢房伸长变形，所以要在加浅继箱前的1～2天将巢础框安装好，把它们放于温度比较低的室内。加巢蜜继箱和采收蜜脾的方法同上。可以将整块蜜脾用玻璃纸或塑料薄膜封装，再装在有窗口的纸板盒内。

2. 切割巢蜜　把整块蜜脾从巢框上割下，再根据所需要的大小（重量）切割成小块，然后包装。切割蜜脾可用普通割蜜刀，将刀加热后按样板切割，也可用特制的四边形多刃刀切割。在包装前必须把切割边缘流出的蜂蜜排干，否则整个蜜块容易结晶。可将切割的巢蜜放于下面有盛蜜浅盘的硬铅丝网上，使边缘的蜂蜜滴干。大规模生产可使用特制的平面框篮分蜜机,以离心力把边缘的蜜甩干。

3. 混合块蜜　首先按玻璃瓶或马口铁听等容器的大小切割蜜块,排干切割边缘的蜂蜜后放入容器内,再将同一品种的液态蜜加热至 65℃,熔解蜜里微小的结晶核,晾凉至 45℃ 左右时,注入容器内巢蜜块的周围。要从容器的边缘注入蜂蜜,以免混入气泡。注满蜂蜜后,将盖盖严,立刻把容器横放,以防止蜜块浮起而被压折断。充分冷却后再放直,装入大的包装箱里。

混合块蜜容易结晶,要尽可能在结晶前出售。已经结晶的混合块蜜,可以放于 50℃~60℃ 的恒温箱内,使其液化。

(九)半脾巢蜜生产技术

霍格在 1980 年设计了一种具有半面巢脾的巢蜜盒,用透明塑料制造,盒底有铸成的巢房房基。以后他又经过多次改进,可将巢蜜盒每 10 个连接在一起装入继箱,不需要框架。他的设计取得了美国专利。1989 年由美国达旦养蜂公司生产、销售。这种半脾巢蜜盒,是用聚苯乙烯注塑成的,白色透明,盒底里面铸有巢房的基础,表面涂一层蜂蜡,盒盖上印着标记(图 2-18)。使用时,将取下盖子的 10 个盒子用透明塑料胶带连结在一起作

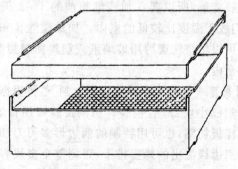

图 2-18　带盖的半脾巢蜜盒

为1组,在1个约130毫米高的浅继箱内,装入4组共计40个巢蜜盒。

由于4组盒子紧靠在一起,它们的体积比继箱的容积小,需要在继箱里面加4块隔板,把它们固定在继箱内。其中1块长隔板和1块短隔板是固定的,预先钉在继箱的内壁;另外2块隔板是活动的,放入巢蜜盒以后,用弹簧将它们挤住(图2-19)。另外,在继箱下面的四个角,斜着钉上支撑隔板的铁条。

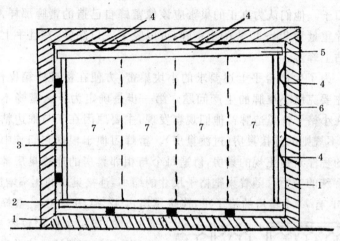

图2-19　将巢蜜盒和隔板放入继箱的情况　（从上方观看）

1.浅继箱　2.固定长隔板　3.固定短隔板　4.弹簧

5.活动长隔板　6.活动短隔板　7.巢蜜盒

组装时,将继箱有固定隔板的长边朝下平放在桌面上,依次放入4组巢蜜盒,再插入活动隔板,加上弹簧,使巢蜜盒子与继箱连成一个整体。然后放平,加到蜂群上。

半脾巢蜜盒的主要优点是:聚苯乙烯塑料无毒,符合食品卫生要求,并且有一定强度;盒子底部注塑成形的巢础坚固,有预先涂好的蜂蜡,使用方便,省去了组装巢蜜格子和安装巢础等许多麻烦；从继箱取出造好的巢蜜，加上盖子，不需要另外包装，节约时间和费用；透明的外壁便于观察蜜蜂造脾和贮蜜的情况；半脾巢蜜没有中肋，食用时含蜡少。

（十）蜂蜜棒生产技术

乌克兰养蜂专家科米萨尔等人认为格子（盒子）巢蜜重量一般都在 150 克以上，分量较大，而且吃起来不方便，需要借助匙子或刀子。他们认为真正的巢蜜应该像蜜蜂自己造的蜜脾那样，是一片重量为 25～30 克的小蜜脾，可以咬下一口品尝，并且手上不会沾上蜂蜜。

为了生产合乎上述要求的小块巢蜜，方便在标准蜂箱操作，首先要克服小巢脾的生产问题。第一步是确定为什么蜜蜂不愿意在小格子框里造脾？他们观察发现，主要原因在于与框边粘着的、不规则的连接巢房（过渡巢房）。蜜蜂习惯于根据它们脑中存在的程序筑造正规的巢房，修造每个与相邻巢房的连接巢房都需要特殊的努力。随着巢蜜格子尺寸的缩小，连接巢房的比率增加。例如，有 71 个巢房的格子里，连接巢房占 42%（图 2-20）。蜜蜂修

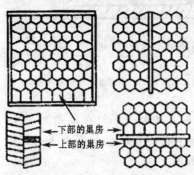

造上面的连接巢房比较容易，修造两侧和下部的连接巢房比较复杂、很费工。所以，他们决定只让蜜脾附着在一块木板或塑料板上。为了增加蜜脾的牢固程度，试验发现其上、下高度必须不超过蜜脾厚度的 1 倍，长度可略大于高度。例如，蜜脾厚度为 25 毫米，则高度不能大于 50 毫米，长度可在 60 毫米左右。这样，就可以根据个

图 2-20　巢蜜格子缩小后连接巢房的比率增加

人意愿生产不同大小(重量)的蜂蜜棒。

(十一)巢蜜生产专业户经验介绍

梁朝友自 1970 年开始从事养蜂工作,是一位经验丰富的养蜂家。他多年来饲养 100 多群蜂,一直在云、贵、川、陕、甘各省实行长途转地饲养,2000 年开始到新疆放蜂,发现那里适合生产高浓度的蜂蜜。2004 年接受客户订单,联合数家蜂场生产巢蜜。由于各个蜂场仍然按照各自的方法饲养蜂群,结果生产的巢蜜有很多不符合要求。2007 年他一次性购买 200 群蜂,开始独自按新生产方式生产巢蜜和脾蜜。此后以翻番的速度每年扩大蜂群数量,扩大再生产,到 2010 年全场 8 人养蜂 2 500 多群,平均每人管理 300 多群,当年生产巢蜜和脾蜜 150 吨以上。以后继续扩大生产规模,2015 年发展到 7 000 群蜂,人员 23 人,成为国内规模最大的巢蜜生产专业户。

1. 巢蜜生产基地　经过多年考察,梁朝友把巢蜜生产基地(场部)设在新疆维吾尔自治区的阿勒泰北屯,位于西北边境,属于准噶尔盆地北缘,为新疆生产建设兵团的精华地段。丰沛的阿尔泰山雪水、横穿盆地的额尔齐斯河河水,以及兵团现代化的水利设施,使盆地成为绿洲沃野。建设兵团在这里种植了大量柳树防护林。高大茂盛的柳树林,不但可防止风沙的侵袭,5 月份的柳树花期还有粉有蜜,有利于蜂群的繁殖。以后有大片种植的多种果树和野花山花遍野开放。6~8 月份的瓜类(产籽西瓜、南瓜和葫芦瓜等)、草木樨和向日葵花期,是生产巢蜜和脾蜜的主要蜜源。此地夏季气温在 20℃~30℃,降水量低且蒸发量极高,日照时间长,有利于蜜蜂采集和巢蜜封盖。

蜂场场部设在北屯的农十师 187 团和 188 团两个团的生产基地内,这里种植的瓜类和向日葵都需要蜜蜂授粉。根据各连队的种植面积,在每个连队设 1~2 个放蜂点,安放蜜蜂 200~300

箱。每个连队支付的授粉租金都是 3 000 元,这样每年可收到授粉费 4 万多元。

梁朝友租赁了 1 000 米² 的仓库作为厂房,分为巢础加工车间、木工车间、巢蜜包装车间。他们自己生产纯蜂蜡巢础,制造蜂箱和巢框,每年要制造 15 万个巢框和大量蜂箱。

2. 简洁的饲养管理技术 连他本人在内,参加劳动者共计 12 人,要管理 3 000 多群蜜蜂(至 2015 年全场 23 人管理,7 000 群蜂),由于兵团辖区内治安良好,放蜂场点不需要驻场看管,除了到场点加巢蜜继箱和采收搬运完成的巢蜜和脾蜜以外,他们大部分时间是在车间劳动,制造巢框、蜂箱、巢础及包装巢蜜等。他们饲养的蜂种是引进的东北黑蜂和黑蜂杂交蜂。这种蜜蜂分蜂性弱,耐寒,抗螨、抗病力强,蜂王产卵力强,春季群势发展快,善于采集流蜜量大的蜜源。他们根据生产巢蜜和当地的蜜源、气候条件,饲养双王群,不生产蜂王浆,不采收蜂花粉,不取蜜,不喂糖,形成了一套独特、高效、简洁的饲养管理措施。在新疆的冬季,双王群越冬时有 8 框蜂(6 脾足蜂),每年 11 月份把蜂群从新疆地区运到云南省,然后经过四川省,4 月中旬到达甘肃省。春季防治蜂螨,培养新蜂王,进行人工分蜂,繁殖蜂群,更新老蜂王。这时,可使蜂群增加 2 倍,适当出售部分蜂群。将蜂群运到甘肃天水一带停留一段时间,采集油菜和刺槐蜜,作为饲料,为 5 月份返回新疆地区做好蜂群生产巢蜜的全盘布局。

开始生产巢蜜和脾蜜时,在双王群的巢箱上加 1 个巢蜜继箱或脾蜜继箱。脾蜜继箱每箱放 11 个巢础框。这样,可使蜜脾封盖平整。第一继箱装满蜂蜜,加第二继箱,有时可加 3 只继箱(图 2-21)。

梁朝友为了实现 1 人多养,逐步解决了规模化养蜂的一些难题。对于蜂群转地的装卸问题,他购置了 1 台吊车,并且亲自用角钢焊制了 1 批 1 次能起吊 5 个蜂箱的托盘。用吊车装卸蜂群,

图 2-21　梁朝友的蜂场一角

不但减轻了劳动强度,还节省了装卸时间。

采收巢蜜和脾蜜时,人工脱除蜜蜂也是重体力劳动,他采用吹风机脱蜂。取下继箱前,先用吹风机从上向下吹,将大部分蜜蜂赶下底箱。然后取下继箱,翻转 90°,放在底箱上,再用吹风机横吹,吹去剩余的蜜蜂。

防治蜂螨是最费时、费力的一项操作。他将蜂群运到四川地区,趁蜂群刚开始繁殖,没有封盖子脾时,用喷雾器喷洒 1 次杀螨水剂,以后就使用喷粉器喷撒杀螨粉剂。4~5 月份每 40 天喷 1 次,6~7 月份每月喷 1 次,巢蜜生产结束以后的 8~9 月份每 20 天喷 1 次,连续喷粉 5 次。采用喷粉器每人每天可喷治 2 000 群蜂,极大地节省了时间。

几千群蜂的越冬饲料要喂几十吨白糖,为了提高溶化白糖的效率,他设计安装了 1 台化糖机,一次可溶化白糖 3.5 吨。

二、蜂蜡及其生产技术

蜂蜡是由工蜂腹部腹面的 4 对蜡腺分泌出来的。蜡腺是特化的下皮层。蜜蜂在它们生活的头几天内蜡腺细胞渐渐长大，12～18 日龄的工蜂蜡腺细胞最发达，以后逐渐萎缩。蜡腺细胞在静止阶段有 24～26 微米高，分泌蜂蜡旺盛时其高度为 60～90 微米。根据理论计算，蜜蜂生产 1 千克蜂蜡需消耗 3.5～3.6 千克蜂蜜，实际上要比这个数字高 1～2 倍。蜜蜂从蜡腺分泌出的蜡液，在其表面凝固形成很小的蜡鳞片，呈白色，蜂蜡的黄色来源于花粉和蜂胶的色素。

(一)蜂蜡的成分和性质

蜂蜡的主要成分是脂肪酸酯类、饱和脂肪酸和碳氢化合物。蜂蜡具有蜂蜜的香味，熔点为 62℃～67℃，20℃时比重 0.954～0.964。略溶于乙醇，在 30℃ 以下可溶于四氯化碳、氯仿、乙醚和苯中。

(二)蜂蜡的用途

蜂蜡具有防潮、绝缘、可燃、可塑、有光泽等性质，广泛应用于轻工业、重工业、农业和医药制造业。如在化妆品制造时，可应用于冷霜、油膏、发蜡、唇膏等的配方中；在制药业中，可制作药膏、中药丸衣、黏性蜡；在镶牙业中，可用于印模用蜡和底板用蜡；在农业中，可用于制造巢础、接木蜡，从蜂蜡提取植物生长调节剂——三十烷醇。另外，还可用于精密铸造、火药防潮、家具上光、蜡染、制鞋油及制作宗教仪式上使用的蜡烛等。

（三）蜂蜡的生产措施

按蜜蜂分泌蜂蜡的能力，2万只蜂一生约能分泌1千克蜂蜡。1个强群一年中在春、夏季能分泌蜂蜡5～7.5千克。但是，在养蜂生产上远远没有达到这个数字，原因是没有充分利用蜂群泌蜡造脾的能力。如采取适当的措施，可以提高蜂蜡产量。

1. 多造新脾　旧巢脾是制取蜂蜡的主要原料。要多淘汰旧脾。就得多造新脾。造成1张新脾可以生产50～70克蜡。每年应淘汰30%的旧脾。

2. 加宽蜂路　在大流蜜期，加宽蜜脾之间的蜂路，蜜蜂就会把蜜脾加厚。取蜜时，把加厚的部分连蜜盖一同割下来，可以增产蜂蜡。

3. 加采蜡框　采蜡框可用巢框改制。在巢框2/3处钉一根横梁，再将上梁拆下，在两侧条的顶端各钉一个镀锌铁皮框耳，活动框梁放于铁皮框耳上（图2-22）。横梁的上部用来收蜡，只需在上梁下面粘一窄条巢础，蜜蜂就会很快造出自然脾，收割后继续让蜜蜂造脾。横梁下面镶装巢础，修造好的巢脾可供贮蜜和育虫。根据蜂群强弱和蜜源条件，每群蜂可放置采蜡框1～3个，放于蜜脾之间。

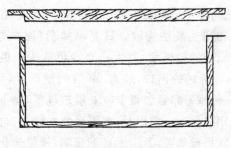

图2-22　采蜡框

4. 日常积累 生产蜂王浆时,蜡碗连续使用 7 次就要更换。在每次采收蜂王浆时,削平王台口,也可获得一些蜂蜡。平时检查和调整蜂群时,随时收集赘脾、蜡屑、雄蜂房盖和不用的王台。注意日常积累,一群蜂 1 年可以多收 50～200 克蜂蜡。

(四)蜂蜡原料的加工

平时收集的赘脾、蜜蜡盖含杂质少,质量好,要与旧巢脾分别处理,及时加工。熔化蜂蜡最好使用铝锅或不锈钢锅,使用铁锅易使蜂蜡色泽加深。熔化蜂蜡一定要加 20% 以上的水。直接加热蜂蜡会从锅中溢出,容易引起火灾,要特别注意。旧巢脾含有蜜蜂幼虫的茧衣、蜂胶等杂质,通常采用热轧法把它们分离出去。

1. 热轧提蜡法 用口径 1 米左右的大锅,盛上七成满的水,把水烧开,将带框的旧巢脾数个平放压入沸水中,待巢脾熔化后取出巢框,振落框上黏附的蜡液。用铁钩从下面拉出 1 个巢框,上面再压入 1 个巢脾。化完几十个巢脾时停火,用笊篱把蜡液中的蜡渣捞出,装入布袋,加压把其中所含蜡液轧出。把脱去巢脾的巢框整齐摆好,干后经过清理和紧框线,可继续使用。大规模提取蜂蜡可使用螺旋压榨机或榨油机。

2. 太阳能提蜡法 这是利用阳光的热能把蜡原料熔化,使杂质分离。方法简便,可制得质量优良的蜂蜡,但是蜡渣中含蜡较多,蜡渣还需要用热轧法提取。日光晒蜡器(图 2-23)为一口木箱,内有装蜡原料的铅铁盘,其大小至少可放 1 个巢脾。铅铁盘下端为梯形,是熔蜡的出口,装有 60 目的铜丝纱,可分离杂质。在其下方有一铅铁盛蜡盘。箱上有双层玻璃盖,箱下有箱腿。另有外盖,不使用时盖上。使用时,把废巢脾或蜡屑、自然脾等放入铅铁盘,盖上双层玻璃盖,置于烈日下暴晒,蜂蜡熔化,滤除杂质,流入盛蜡盘。

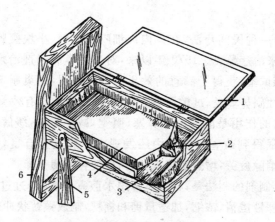

图 2-23 日光晒蜡器
1. 双层玻璃盖 2. 熔蜡出口 3. 盛蜡盘
4. 铅铁盘 5. 箱腿 6. 外盖

(五)蜂蜡的精制

大锅盛上三成水,加入蜂蜡达八成满,加热使蜂蜡完全熔化,撤火,捞出杂质,盖上锅盖,上面再铺 1～2 层麻袋保温,静置 3～5 小时,使尘土等细微杂质沉到底层,舀出上清蜡液,倒入有少量水的瓦盆,凝固后取出。锅中的底层余蜡,凝固后取出,刮去下面的杂质。

(六)巢脾的医疗作用

巢脾是蜜蜂用蜂蜡修造的,由几片至几十片巢脾组成蜜蜂的蜂巢。工蜂将蜂蜜、花粉贮存在巢脾的巢房里。它们还用蜂胶磨光巢房,以供蜂王在其中产卵。蜜蜂幼虫在巢房里被哺育长大,吐丝做茧,化蛹。因此,巢脾所含的成分很复杂。蜂蜜、蜂蜡、蜂花粉、蜂王浆、蜂胶、蜜蜂茧衣、幼虫分泌物等所具有的成分,巢脾里可能都有。

作为一种民间疗法，在口内细细咬嚼巢脾、小块蜜脾或蜜盖蜡，可用来治疗鼻炎。1970 年以来，对采用巢脾制剂治疗鼻炎进行了临床试验，获得了满意的效果。试验证明，蜂巢制剂对慢性鼻炎、慢性副鼻窦炎、过敏性鼻炎、单纯性鼻炎的总有效率在 80％以上。它的作用是能够改善鼻塞、嗅觉，减少鼻涕，缓解头痛、头昏，使睡眠得到改善。使用中还发现它对肝炎也有良好医疗效果，能够消除疲劳，增强机体抵抗力，促使转氨酶下降。

蜂巢制剂的制法是：将旧巢脾用水煎煮 3 次，经过过滤，回收蜂蜡，将滤液澄清、浓缩，加适量糖和糊精，制成颗粒状冲剂。

三、蜂王浆及其生产技术

蜜蜂主要以花粉为饲料，经过消化吸收，由位于头前部的营养腺（舌腺）制造成蜂王浆的主要成分（以蛋白质为主），由导管分泌到口底部，在这里又混入了上颚腺的分泌物（以脂肪酸为主）和少量的蜂蜜。

（一）蜂王浆的成分及性质

蜂王浆的成分极为复杂。从 3～4 日龄王台中取得的蜂王浆，其主要成分的平均含量为：水分 66.05％，蛋白质 12.34％，类脂质 5.46％，碳水化合物 12.49％，无机盐 0.82％，未确定物质 2.84％。它含有 18 种游离氨基酸，其中含有人体所需的全部不可替代的氨基酸；有丰富的 B 族维生素、维生素 C、维生素 H、叶酸、肌醇及乙酰胆碱；有数种皮质激素、促性腺激素；有抗坏血酸酶、胆碱酯酶、磷酸酶、淀粉酶、脂肪酸酶、转氨酶等多种酶；有多种癸烯酸，其中 10-羟基-2-癸烯酸是蜂王浆特有的；还含有核糖核酸及腺苷等多种活性物质。

蜂王浆呈乳白色,微黄,味酸涩略带辛辣,pH 值 3.9～4.4。

(二)蜂王浆在医疗保健上的应用

常服蜂王浆可以促进食欲、增加体重,使人精力充沛、心情舒畅。在预防疾病方面,蜂王浆可以降低血中胆固醇和甘油三酯等,对防止动脉粥样硬化有一定作用。外用可使皮肤致密,巩固毛发。在医疗方面,适应证为肝炎、神经衰弱、风湿性关节炎、营养障碍、贫血、溃疡等。蜂王浆的最大优点是没有毒性,遵医嘱可以长期服用。

(三)蜂王浆生产技术

与生产蜂蜜不同的是,生产蜂王浆要在继箱里经常保有 2 框幼虫脾,为的是把哺育蜂调到继箱饲喂蜂王幼虫。移入小幼虫的产浆框,放在继箱里的幼虫脾之间或幼虫脾和蜜粉脾之间。在大流蜜期,继箱内可以不放或只放 1 框幼虫脾。

1. 生产工具 使用的工具有产浆框、塑料王台条、移虫针、削台刀、镊子、3～4 号画笔和真空取浆器、贮浆瓶、消毒纱布、酒精、毛巾等。

专门生产蜂王浆的高产蜂场现在使用双排王浆板条的产浆框,每根王浆板条上有 32～33 个王台基。

中国农业科学院蜜蜂研究所沈基楷研究员于 1986 年介绍了他制造的抽屉式产浆框(图 2-24),可将它加在巢箱和继箱之间,解决了多箱体蜂群生产蜂王浆时需经常搬动箱体的麻烦。

产浆框的大小、形状,大致与巢框相同。框梁和侧板只有12～15 毫米宽、15～20 毫米厚,中间横着装上 3～5 条可装拆的塑料王台条。每根王台条有 25～30 个王台基。也可以用蜂蜡制作王台蜡碗。

削台刀可用剃须刀刀片夹在竹柄上制成。贮浆瓶根据产量

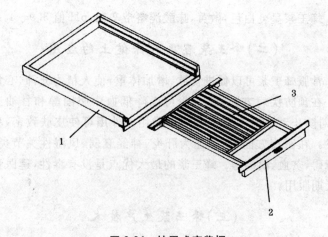

图 2-24　抽屉式产浆框

1. 边框　2. 安放王台条的抽屉　3. 抽屉拉手

采用容量为 300～1 000 克的塑料瓶。采浆前把采浆瓶、采浆用的画笔、镊子等工具用 75% 酒精消毒。

2. 产浆群的组织　通常采用加继箱的有王生产群生产蜂王浆,用隔王板把蜂王限制在巢箱产卵,从巢箱提 2 框幼虫脾加在继箱的中部,两侧放蜜粉脾。春季开始生产时,可以组织数个无王群,首先把移入虫的产浆框加到无王群里,24 小时后再移到有王群的继箱中,可以提高饲喂幼虫的接受率。

3. 移虫　日龄一致的幼虫脾可以提高工作效率。将空脾插入蜂王产卵区,到第五天就有成片的适龄幼虫可供移虫。双王群作为供虫群效果更好。移好虫的产浆框及时加入生产群,强群可以 1 次加 2 框,加在幼虫脾和蜜粉脾之间。

4. 补虫　插入产浆框 3～4 小时后检查幼虫被接受情况,查看王台内幼虫成活率。未接受的,及时补移幼虫。翌日早晨再次检查,补虫。接受率达 90% 以上的不补。

（四）提高蜂王浆产量的措施

江浙地区有许多以生产蜂王浆为主的专业养蜂场已形成了一套蜂王浆高产技术措施。

1. 选用蜂王浆高产蜂种 浙江省杭州市平湖、萧山等地区的一些蜂场和浙江大学动物科学学院已经选育出蜂王浆高产的蜂种，每群蜂蜂王浆的年产量可达3千克以上。最近育成的"广丰1号"蜂种，是蜜浆双高产的蜂种；荣获国家发明二等奖的"浙农大1号"意蜂品种，蜂王浆产量可达5千克以上。引进蜂王浆高产种蜂王，用其幼虫人工培育的蜂王更换本场的蜂王，可以迅速提高全场蜂群的蜂王浆产量。

2. 延长蜂王浆生产期 早春，饲喂花粉或花粉代用品，进行奖励饲喂，加强管理，促进蜂群增殖，早日恢复并发展强壮；秋季，把蜂群移到有蜜粉源植物的地方，或进行奖励饲喂，适当延长生产期。

3. 保证饲料充足 进行短途转地，在有蜜粉源植物的地方生产。蜂王浆生产群保持4千克以上的贮蜜和1框花粉脾，缺少时立刻补足。还要坚持进行奖励饲喂，饲喂1:2的稀糖浆，每次每框蜂喂50～100克。花粉不足的，饲喂花粉糖饼。大流蜜期时，生产蜂王浆和生产蜂蜜并重。

4. 保持强群 加1个继箱的生产群必须强壮，要有20框蜂以上，使蜂多于脾，蜜蜂密集，经常保持8个以上子脾，才能获得蜂王浆高产。生产群群势较弱时，从副群（补助群）提来不带蜂的封盖子脾，同时给副群加空脾。生产群达到标准以后，可以将副群的卵虫脾调给生产群，而将生产群里已有部分出房的封盖子脾调给副群。

5. 建立供虫群 副群或双王群可以作供虫群。将空脾加入供虫群，第四天提出移虫，移完虫后仍放回原群；第五天再提出移虫，移完后把它加到生产群。供虫群提供的幼虫日龄一致，可以避免到各群去翻找适龄幼虫,能提高生产效率和蜂王浆产量。

6. 按群势定王台数 蜂王浆的产量是由接受的王台数和每个王台的产浆量决定的。群势强、哺育蜂多的,可酌情增加王台数量并努力提高王台接受率。1 个产浆框通常用 4 根王台条,共100 个王台,可以增加到 5 根王台条。1 个蜂王浆生产群在生产旺季,可以加 2～3 个产浆框。平均每个王台产浆 280 毫克以上时,就可以增加王台条或产浆框。15～25 框蜂的生产群,每 5 框蜜蜂(1 千克蜂)可接受饲喂 30～50 个王台幼虫。

7. 按劳力确定产浆周期 大部分蜂场是在移虫后经过 70～72 小时取浆,移植的幼虫虫龄以 24 小时以内的为好;按 3 天生产1 批计,1 个月生产 10 批,每批的蜂王浆产量比较高。也有采用48 小时取浆的,移植的幼虫以 36 小时左右的为好;1 个月可生产15 批,每批蜂王浆的产量比较低,但是 1 个月的总产量要高于 72小时取浆的,适合劳力充足、技术熟练的蜂场采用。

为了弥补 48 小时取浆蜜蜂饲喂蜂王幼虫的时间太短、框产较低的缺点,有的蜂场采取 56 小时取浆,以 2.5 天为 1 个生产周期的方法。采用这种方法,要求为每群多准备 1 套产浆框。在取浆的当天早晨,先向产浆群加入移入虫的产浆框。傍晚,提出到期的产浆框,取浆后这些产浆框留作下一批生产用。同时,把早晨加入的产浆框,移到提出产浆框的位置。

(五)蜂王浆的采收

提出产浆框动作要慢,轻轻抖落部分蜜蜂,防止剧烈振动溅出蜂王浆,再用蜂扫把蜜蜂扫净。立刻把加高的王台上部割去,将幼虫夹出,以免放久了蜂王浆变干和幼虫消耗。割时不使刀刃接触幼虫,用不锈钢镊子把幼虫轻轻夹出,集中放于另一容器。采收蜂王浆的方法有多种,通常是用画笔将蜂王浆挖出,装入塑料瓶,密封,冷冻贮藏。有条件的可用真空抽吸装置(图 2-25)采收。取完浆,立刻移虫,以免王台里的余浆干涸。未接受的王台,用小刀清理干净,涂上一薄层蜂王浆,再移虫。

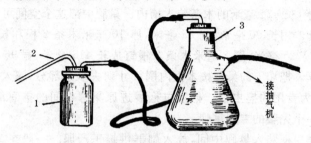

接抽气机

图 2-25 真空吸浆器
1. 吸浆瓶 2. 吸浆管 3. 盛半瓶水的缓充瓶

(六)生产蜂王浆的新设备

1. 分蜜机改装成的移虫、取浆多用机 何世钧改造分蜜机,研制出采收蜂王浆和移虫的新型设备,提高了取浆的工效,为视力差的人解决了移虫的困难。此专利已经公开发表,可供国内养蜂户选用。其具体做法如下。

在分蜜机的手摇轴上加装一对增速比为 3～4 的增速齿轮组。手摇柄可在两对齿轮组之间切换,高速时取浆、移虫,低速时分离蜂蜜。

用不锈钢皮做 2 只取浆盒,每盒能容纳 8 根王台条,可放入分蜜机的框笼。盒底安装支架和虫浆分离网片。取浆时,先把 8 根王台台基以上加高部分的蜡质割去,不需取出幼虫,把台口向下放在虫浆分离网片上,与取浆盒一起装入分蜜机的框笼中。一次两个框笼共装 2 盒 16 根王台条。摇动分蜜机就可将蜂王浆分离到盒内。

选产过 3～5 代子并且没有雄蜂房的巢脾,在距离上框梁以下 45 毫米处用刀片割下长 415 毫米、宽 110 毫米的巢脾待用。用钢锯在割下的巢脾内侧距离上框梁 45～50 毫米处及 150～155 毫米处各锯出宽 4 毫米、深 4 毫米的 4 条槽。用 2 根厚 3 毫米、宽 25 毫米、长 424 毫米的木条装入槽内。巢脾中部这个空间可嵌入摇虫框。用长 90 毫米、宽 25 毫米、厚 10 毫米木条 2 根和长 415 毫米、宽 25 毫米、厚 3 毫米木条 2 根钉成长 415 毫米、宽 96 毫米的木框。把切下的巢脾按木框内围尺寸切去多余部分,镶入木框中,成为专用的摇虫框。把摇虫框装进原巢脾中间的空间部分,成为一个完整的专用巢脾。

摇虫框装入巢脾中间,放入副群供蜂王产卵。一般在 24 小时左右能在其中产满卵,便能培育出虫龄基本一致的幼虫。每个专用摇虫框在副群只放 24 小时,然后提出,放到其他群的继箱中孵育成幼虫。每日换 1 脾,每个摇虫框能提供 16 根王台条的用虫。1 个副群需要 3 个专用巢脾。

将取浆盒内的网片和支架取出,用酒精消毒后,把 8 根已取浆的王台条台口朝上放入盒内,再放上已培育好幼虫的专用摇虫框。装满 2 盒共 16 根王台条,放入分蜜机。摇动分蜜机达到一定速度后,幼虫受离心力作用被甩出,转移到台口与其相对应的王台中。王台口径约 10 毫米,比工蜂房口径大,约有 15％的王台中能落入 2～3 条幼虫。取出王台条检查,若王台里有个别缺虫的,从有 2～3 条幼虫的王台中挑取幼虫,移入其中。摇虫框中剩余的幼虫全部用水冲洗干净,再次使用。

2. 多功能取浆机　葆春蜂王浆有限公司生产的多功能取浆机也是以离心力移虫和取浆,同样能分离蜂蜜(图 2-26)。本机的优点是:可以节约 80％以上的劳动力;不用人工移虫和夹虫,年纪大、视力差的人也可以生产蜂王浆;,缩短了生产蜂王浆过程中暴露在常温下的时间;本机用不锈钢制造,不会产生二次污染,可改善蜂王浆生产过程中的卫生问题。

3. 免移虫产浆装置　黑龙江省宾县养蜂研究所张世元、山东

图 2-26　多功能取浆机

省临朐县三宝养蜂合作社张文宝、江苏省常熟市陶氏蜂具有限公司及江西农业大学蜜蜂研究所潘其中、吴小波、管翠等都按同一原理研制了免移虫产浆装置。三宝养蜂合作社生产的免移虫产浆育王装置包括双面产卵控制器、一体王台条和蜜蜂、蜂卵孵化箱(图 2-27)。产卵控制器控制蜂王向王台条的王台里产卵，王台条是双排的，每根王台条有 66 个台基，与产卵控制器上面的圆洞相匹配。

个别季节有时蜜蜂将王台里面的蜂卵清理掉，致使蜂卵不能成活，为此增加了蜜蜂孵化箱，运用高精度温湿度自动控制系统，可使蜂卵正常孵化成幼虫。也可用它孵化蛹脾。

4. 蜂王浆机械化生产成套设备　三庸蜂业科技有限公司生产的蜂王浆机械化生产成套设备包括：①机械化生产幼虫器(图 2-28)，可方便、高效地诱导蜂王向王台条上的台基内产卵，卵孵化成幼虫后将王台条安装到产浆框(图 2-29)上，加入蜂群产浆，代替人工移虫的步骤。②钳虫机(图 2-30)，能显著提高夹出王台里蜂王幼虫的效率,5～8秒钟可完成1根64孔王台条的钳虫工作,而且没有遗漏。钳虫爪用特制的不锈钢丝制造,具有柔性和弹性,不会夹破蜂王幼虫,保证了蜂王浆的质量。③割台机(图2-31),是把台基条周围的蜂蜡割净,避免残留蜂蜡造成挖浆机不必要的运行故障。④挖浆机(图2-32),每小时可挖取600根台基条的王浆,挖浆干净。⑤清台器(图2-33),采用多刀头设计,清理台基时不会刮伤台基内部。

图 2-27　免移虫产浆育王装置
1. 产卵控制器　2. 王台条
3. 蜜蜂、蜂卵孵化箱

图 2-28　机械化生产幼虫器

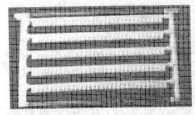

图 2-29　产浆框

图 2-30　钳虫机

图 2-31　割台机　　　　　　　　图 2-32　挖浆机

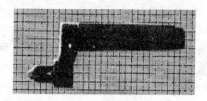

图 2-33　清台器

（七）蜂王浆的保存

在采收蜂王浆的过程中，应注意保持清洁卫生。切割王台加高部分时，防止将幼虫割破，避免幼虫体液浆混入蜂王浆，导致蜂王浆变质；夹取幼虫时，不要把幼虫弄破，并要防止蜡屑落入蜂王浆里。要用食品塑料瓶或棕色玻璃瓶盛装蜂王浆，放入冰箱临时保存。如果没有冷藏设备，当天取浆应当天送交收购部门。离收购部门较远时，可将蜂王浆容器密封，外加塑料袋扎上口，放入水桶内，吊在水井中离水面 30 厘米左右，可临时保存 2～4 天。自己食用可加入 70%～90% 的蜂蜜或白酒，混合均匀，装入玻璃瓶中密封，在常温下可保存 1～3 个月。较长时期贮藏蜂王浆应放于 -18℃ 的冷库中。

(八)蜂王幼虫的利用

在采收蜂王浆时,将蜂王幼虫收集起来,另外装瓶,冷冻保存。蜂王幼虫组织中含有蛋白质、氨基酸、维生素、酶、微量元素和激素等活性物质,与蜂王浆的成分相似,但含有较多的维生素D。蜂王幼虫对促进食欲、镇静安眠、消除关节炎症、加强机体造血功能、增强机体的抗病力等有一定作用,并且对放射疗法和化学疗法引起的白细胞减少症有辅助治疗作用。自己服用可加入1～5倍的白酒中,作日常饮用。

(九)王台型蜂王浆

市场上销售的蜂王浆品质良莠不齐,消费者难以分辨。为了保证蜂王浆的真实性,绿纯(北京)生物科技发展中心倡导生产王台型蜂王浆。王台型蜂王浆除王台里面含有新鲜的蜂王浆外,还含有1只蜂王幼虫和蜡台,不再需要加工,最大限度地减少了蜂王浆与外界环境、工具的接触,并将它们从蜂群取出后装入包装盒,立刻冷冻保存,整个过程不超过2小时,保证了产品中各种活性营养物质不被破坏。超过2小时再进行冷冻,蜂王幼虫就会变质发暗,容易辨别它的新鲜度。王台型蜂王浆不易造假,含有蜂王浆和蜂王幼虫双重营养,比单一的蜂王浆营养价值更高。在北京市郊区,每个蜂王浆生产群一次可生产120只左右的王台型蜂王浆,每月一般可生产600只,比单纯生产传统蜂王浆的经济收入约增加70%。

生产王台型蜂王浆与生产传统蜂王浆的方法基本上一致。王台碗采用可随意插接的单体塑料王台碗,也可采用蜡碗,台基板条应与王台碗配套。采收的王台型蜂王浆装入包装盒,要在2小时以内分散放入冰柜或冷库,使其冷冻均匀。王台在包装盒内冷冻保存时也会脱水,故保存时间不宜过长,一般在−18℃条件下冷冻保存不要超过 12 个月。在运输、销售过程中，也应保持冷冻条件。

四、蜂花粉及其生产技术

花粉是植物的雄性种质，颗粒细小，由于种类不同而具有各种颜色（从白色至黑色），但是大部分花粉为黄色或淡褐色。除少数种类的花粉有甜味外，大部分具有苦涩味道。蜜蜂采集花粉时，将唾液和花蜜混入其中，在 1 对后足上形成花粉团带回巢内，将花粉团卸到巢房中，用头将其捣实。每个巢房装入 70% 左右，上面再吐上一层蜜。这种装在巢房里的花粉，经过酵母菌等的发酵，略带酸甜的味道，叫作蜂粮，是蜜蜂饲料中蛋白质和维生素的来源，也是它们制造蜂王浆的主要原料。

（一）花粉的成分

花粉的含水量为 12%～20%；蛋白质含量为 7%～35.5%，平均含量为 22%；含有 16～18 种游离氨基酸，占花粉干重的 13%，是同等重量牛肉、鸡蛋或干奶酪所含氨基酸的 5～7 倍，其中有 6 种人体不可缺少的必需氨基酸；碳水化合物占干重的 25%～48%；维生素的含量与蜂王浆相似，但是维生素 C、维生素 H 和叶酸的含量很高。另外，还有芸香苷，每 100 克中含 3～25 毫克；还含有抗生素、生长素、酶类、无机盐、色素及甾醇类等。

（二）花粉的医疗作用

花粉含有大量蛋白质、氨基酸和丰富的维生素、酶类等，可以作为营养滋补食品以及食品的添加剂。我国医学把花粉列为营养保健剂。天然花粉、蜜蜂采集的花粉以及各种花粉制剂具有促进新陈代谢、强壮身体、旺盛精力的作用，能医治肠功能紊乱引起的便秘,对腹泻、肠炎、肝炎、前列腺炎和神经衰弱都有很好的疗效。花粉中的芸香苷具有增强毛细血管管壁的作用,可以防治脑溢血、视网膜出血和心血管疾病等。

(三)花粉的采收工具

采集蜂花粉需使用花粉截留器(脱粉器),它有多种型号。

1. 巢门脱粉器 这是一种装在巢门前的脱粉器,由具有孔洞的脱粉片或栅网和集粉盒组成(图2-34)。塑料花粉截留器由外壳、脱粉孔主板和副板、落粉板、集粉盒等部件装配而成。脱粉的孔径为4.7~5.1毫米,其大小关系到脱粉数量和对蜜蜂的损伤程度。双层孔板可提高脱粉效率。

现在有多种新型高产脱粉器,侧壁安装了雄蜂出蜂口(图2-35)。

2. 箱底脱粉器 这是一种巢箱下面的大型脱粉装置,适用于活箱底蜂箱,脱粉效率高。集粉盒在巢箱下面,花粉团不会受到风吹雨打,产品清洁、质量好,管理省时。

3. 生产蜂粮 采用东北林业大学蜂业研究所研制的组合式塑料巢脾可生产蜂粮。

(四)花粉的收集

在粉源充足时,蜂群巢内已经采集贮备花粉以后,即可在巢门前安装脱粉器。每群蜂每天可收集50~100克花粉团。脱粉器只能截留50%~70%蜜蜂采集的花粉,蜜蜂仍能将部分花粉带入巢内。使用这种脱粉器,应在傍晚将集粉盒里的花粉团集中起来,进行干燥处理,妥善贮藏。

风媒植物产的花粉量大,可以进行人工采集。如采集松树的花粉比较容易,在松花快开放时,把已经成熟即将开放的花球摘下,摊放在塑料布或铺上白纸的箱盖上,在阳光下暴晒,待花球开始开裂散粉时,移到明亮干燥的室内,使它们继续开裂散粉。然

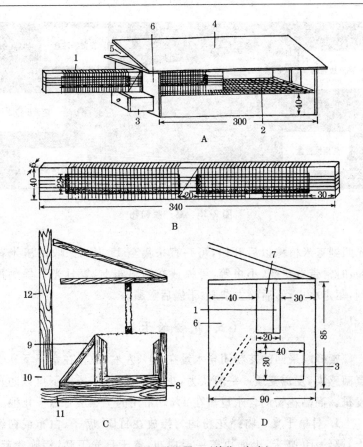

图 2-34　巢门脱粉器 （单位：毫米）

A. 全图　B. 脱粉框　C. 侧面观　D. 放在巢门前使用情况

1. 脱粉片　2. 落粉纱网　3. 集粉盒　4. 顶板　5. 蜜蜂上面出口

6. 侧板　7. 蜜蜂侧面出口　8. 底板　9. 蜜蜂爬行板

10. 巢门　11. 踏板　12. 蜂箱前壁

后用细箩筛除去杂质，干燥后贮藏。

采收玉米花粉时，用草板纸做一圆锥形的采集器。在早晨阳

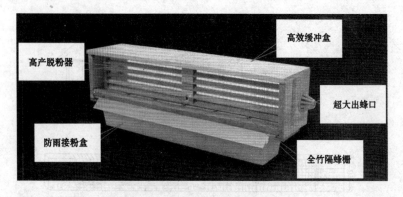

图 2-35　高产脱粉器

光照到玉米植株以后开始,可一直采集至 11 时。采收的玉米花粉,时常带有花药、小虫等,可摊放在塑料布上,置日光下暴晒片刻,驱走小虫,然后筛去杂质,干燥后贮藏。

(五)花粉的干燥

蜜蜂刚采回的花粉团含水量在 20％左右,放置在常温下易受真菌感染,发霉变质。一般认为,花粉含水量在 5％以下可以防止发霉。商品花粉的含水量需在 4％。常用的干燥法有以下几种。

1. 日晒干燥　将蜂花粉均匀摊放在竹匾、席子、白布或白纸上,厚约 10 毫米,上面再盖一层白布,置于日光下晒,傍晚收起,晒 3～5 天,使花粉团呈硬颗粒状、手捏不碎即可。

2. 化学干燥　在玻璃干燥器的底部放入适量的化学干燥剂,栅板上铺一层吸水纸或白布,上面放入花粉团,盖上盖,放置数天。干燥 1 千克花粉需用 2 千克变色硅胶,或 1 千克氯化钙,或 1 千克无水硫酸镁。干燥剂在吸水后可加热烘干,反复使用,但是干燥时间变长、效率低。

3. 加热烘干　在土炕的炕席上铺上布,摊放一层 10～20 毫米厚的花粉,加热烘干。

4. 远红外干燥　中国农业科学院蜜蜂研究所研制的远红外花粉干燥箱(图 2-36),采用直热式远红外加热元件,具有省电、热效率高的特点。使用时,按照说明书的要求安装。在 4 个花粉抽屉内分别放入 500～750 克花粉,每个抽屉的花粉量要大致相等,均匀铺满整个抽屉。

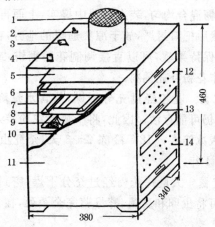

图 2-36　远红外花粉干燥箱 （单位:毫米）

1. 排风电机　2. 电源开关　3. 控温旋钮　4. 指示灯

5. 上挡板　6. 花粉抽屉　7. 后挡板　8. 加热片

9. 布和铁纱　10. 保温层　11. 铁皮箱壳

12. 温度计插孔　13. 抽屉拉手　14. 进气孔

初次使用时,按说明书要求测定各抽屉的温度,把温度定在 40℃～45℃,经过几次反复调节,直到花粉层的温度保持在 40℃～45℃。每隔一段时间,观察一下花粉的温度,并调节控温旋钮,使温度保持稳定。

干燥 2～3 小时后,把上、下层的抽屉互换,使花粉干燥得更均匀。

（六）花粉的贮藏

新鲜花粉常含有虫卵、真菌、酵母菌和较多的水分,贮藏不当易遭受虫害和发霉,营养成分受到破坏。以下介绍几种常用的花粉贮藏方法。

1. 糖粉混合贮藏　这种方法适用于蜂场自用。将 2 份新鲜花粉与 1 份砂糖混合均匀,装入容器中捣实,上面再加 30～50 毫米厚的砂糖,然后把口封严,放于凉爽通风的地方,在室温下可贮藏 2 年。花粉保持柔软,可以直接调制花粉糖饼,或混合其他花粉代用品,制作花粉补充饲料。

2. 干燥贮藏　花粉经过充分干燥,使含水量降至 5% 以下,其中害虫的卵仍可能存活。因此,将干燥的花粉装入塑料袋密封包装后,需放入冰箱在 -18℃冷冻 2～3 天,杀死虫卵,然后放在室温下可贮藏 1 年。

3. 辐照贮藏　大量蜂花粉经过充分干燥,密封包装,再经钴源辐照处理,可将虫卵和真菌、酵母菌完全杀死,在常温下可贮藏 2 年以上。

五、蜂毒及其生产技术

蜂毒是工蜂的毒腺分泌物,平时贮藏在毒囊里,刺蜇时从螫针排出。螫针有倒刺,刺到敌体上时,螫针连同毒囊从蜂体拔出,在神经作用下,螫针继续深入,毒囊收缩将毒液排入敌体。刚出房的工蜂只有很少的毒液,随着日龄的增长,毒液数量增加,约至 18 日龄时,1 只工蜂的毒囊里约有 0.3 毫克毒液,以后不再增加。

（一）蜂毒的成分和性质

蜂毒是一种淡黄色透明液体,味苦,具有特殊香味,酸性,pH

值为 5.5,比重 1.131 3。蜂毒易溶于水和酸,不溶于醇,对酸、碱和热都相当稳定。在常温下,蜂毒液易蒸发至原液重量的 30%～40%。

蜂毒含有多种生物学和药理学活性物质,成分复杂,主要有蜂毒多肽类(蜂毒肽、蜂毒明肽、肥大细胞脱粒肽、蜂毒肽 M、蜂毒肽 F、心脏肽、组胺肽、多肽安度拉平等)、蜂毒酶类(磷脂酶 A、透明质酸酶、磷酸酯酶等)、生物胺类(组胺和儿茶酚胺),以及胆碱、甘油、蚁酸、氨基酸、挥发性物质(含乙酸异戊酯报警信息素)、糖类等。含水量 80%～88%。

(二)蜂毒的医疗作用

蜂毒具有抗菌、消炎、镇痛、降血压及抗辐射的作用。蜂毒能抑制 20 多种细菌,金黄色葡萄球菌对蜂毒很敏感。蜂毒是治疗关节炎、风湿症的天然药物。这是由于蜂毒中的多肽具有抗炎作用,而且能促进血液中肾上腺皮质激素的增加。因此,用于治疗风湿性关节炎、类风湿关节炎和神经炎,都有很好的疗效。也可用小剂量蜂毒对蜂毒过敏的人进行脱敏。

个别人有对蜂毒过敏而发生休克的情况,因此要在医生指导下使用蜂毒,以便随时得到急救处理。

(三)采集蜂毒的工具

采集蜂毒有水洗蜂毒、薄膜取毒和电取蜂毒等多种方法。水洗方法是将蜜蜂抖入容器,加入乙醚使蜜蜂麻醉排毒,然后用水冲洗。在蜜蜂麻醉时,部分蜜蜂常吐出蜂蜜,所采集的蜂毒不纯。薄膜取毒是在装满油的玻璃瓶上蒙上皮膜,夹取蜜蜂向膜上刺蜇,毒液排入油内,蜜蜂死亡。电刺激蜜蜂排毒,蜂毒的质量纯净,剂量准确,对蜜蜂的伤害也比较轻,是普遍采用的方法。

电刺激取毒器由电网框、取毒托盘、平板玻璃、供电装置组成。电网框为木质或塑料制造,大小不一,放在巢门前,外围长140毫米、宽80毫米。放在巢箱上的大型取毒器,外围与巢箱上口外围大小相同。框架上装有平行的不锈钢丝,正极和负极互相间隔,各条不锈钢丝间距6毫米左右。取毒托盘内放平板玻璃,上面放电网框,玻璃与电网框的不锈钢丝相距2毫米以内。手控供电,一般采用干电池直流电源,在输出端安装一电源开关(图2-37)。一般调节电压在15～25伏,用开关控制电流通断,接通10～15秒钟,断开10秒钟左右。电子自控取毒器,是由振荡器产生低频振荡,根据需要调节频率,振荡信号在电子开关或继电器上,自动控制电网电路接通或断开。还有一种间歇振荡交流电取毒器,是由振荡器和间歇振荡器共同作用,使电网得到间歇振荡电流,电压调至8～9伏。

(四)蜂毒的采集

采集蜂毒宜在流蜜期刚刚结束,气温在15℃以上时进行。采用饲料充足的强群作为取毒群。如用直流电取毒,将取毒器放在巢门前,调节好电压,每群1次取毒5分钟左右。如用交流电取毒,1次可取毒30分钟。取蜂毒后,将平板玻璃取下,置于室内晾干,在放大镜下计数,1个明亮的晶点是1个蜂毒单位。然后用刀片将蜂毒刮下,装入玻璃瓶,密封。

六、蜂胶及其生产技术

蜂胶是蜜蜂从植物的叶芽或树皮采集的树脂,并且混合了蜜蜂的唾液和蜂蜡。蜜蜂用蜂胶填补蜂箱的裂缝、孔洞,缩小巢门,磨光巢房内壁,加固巢脾,有时还用蜂胶把被它们蜇死的无法搬出蜂巢的入侵者(如小鼠)封盖起来。

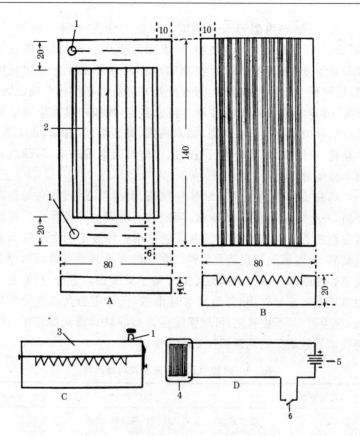

图 2-37 电刺激取毒器 （单位：毫米）

A. 有电网的面板框 B. 带刻槽的底板 C. 使用状态 D. 电路

1. 接线柱 2. 不锈钢丝 3. 电网框 4. 取毒器 5. 电池 6. 开关

（一）蜂胶的成分和性质

蜂胶是有黏性的固体，呈黄褐色或灰褐色，也有呈暗绿色的，有树脂香味，微苦；熔点在 65℃ 左右，低温下变硬、变脆；36℃ 以上时软化成可塑物质；比重 1.127 左右。蜂胶可部分溶于乙醇，易溶于苯、乙醚和丙酮等有机溶剂。蜂胶大约含有 55% 的树脂、30%～40% 的蜂蜡和少量花粉、芳香挥发油及杂质。蜂胶的化学成分非常复杂,其中具有生物学和药理活性的主要化合物是黄酮、黄烷酮、查耳酮、脂肪酸、芳香酸及其酯类和萜类化合物,已经分离、鉴定的成分有 100 多种。经过鉴定,蜂胶中具有生物学和药理活性的主要成分有柯因、柚木柯因、高良姜精、栎精、莰菲素、芹菜精、松属素、短叶松素、肉桂酸、咖啡酸及咖啡酸酯、阿魏酸和倍半萜烯等。

蜂胶黄酮中的松属素对各种细菌、真菌都有活性,它与高良姜精、3-乙酰短叶松素、咖啡酸、阿魏酸有协同的抗菌作用。栎精具有抗病毒活性和增强毛细血管壁作用。蜂胶中的咖啡酸和其他黄酮、黄烷酮表现出消炎活性。咖啡酸苯乙基酯可抑制黑色素瘤和肿瘤细胞。蜂胶中的类黄酮有助于胃溃疡的愈合,对增强毛细血管壁起重要作用;能清除氧自由基,保护脂肪及其他化合物(如维生素 C)不被氧化,可增强维生素 C 预防坏血病的作用。已经确定蜂胶成分的药理活性见表 2-1。

表 2-1　蜂胶中已知成分及其药理活性

药理活性	活性成分
抗细菌	松属素、高良姜精、咖啡酸、阿魏酸、柯因
抗真菌	松属素、3-乙酰短叶松素、咖啡酸、对-香豆酸苄酯、樱花亭
抗病毒	咖啡酸、藤黄菌素、栎精
抗氧化	高良姜精、柯因、栎精、咖啡酸酯
抗肿瘤	咖啡酸苯乙基酯(甲基咖啡酯)
局部麻醉	松属素、短叶松素、咖啡酸酯

续表 2-1

药理活性	活性成分
抗炎症	咖啡酸、金合欢素
抗痉挛	栎精、莰菲素、果胶里哪配基
愈合胃溃疡	藤黄菌素（芹菜配基）
增强毛细血管	栎精（3,4-二羟黄烷酮、黄烷-3-醇）

（二）蜂胶的应用

蜂胶具有活血化瘀、抑菌、消炎、止痛、促进局部组织再生、增进机体免疫功能、软化角质及降低血脂等作用。

蜂胶也应用于农林牧业和木制品等行业。蜂胶可医治创伤、烧伤、皮肤病，以及消化道、呼吸道和生殖道的一些疾病。蜂胶可作为禽、畜饲料的添加剂，有防病和促生长的作用。蜂胶还是天然的树脂漆，可以用来涂刷家具和乐器。

（三）蜂胶的采集工具

采集蜂胶不得使用金属用具，也不能用金属容器贮存蜂胶，以免使蜂胶中含有超量的铅，不适于医疗上应用。集胶可使用塑料纱或尼龙纱、粗白布盖在蜂箱上。为增加集胶量，可用数根2～3毫米粗的木棍垫在框梁上。也可以用竹丝制造的集胶板或与隔王板相似的集胶板，竹丝间距2～3毫米。在巢框上梁挖数道浅槽，也可以集胶。

（四）蜂胶的采收和贮藏

于晴暖无风天气，在阳光下将带胶的纱或布胶面朝上平摊在洁净的木板上，用竹刮刀刮取蜂胶。也可将带胶塑料纱或尼龙纱冷冻,使蜂胶硬脆,然后用木棒敲打,使蜂胶脱落。将采收的蜂胶装入食品塑料袋密封,放于冷凉干燥处贮藏。

七、雄蜂蛹及其生产技术

雄蜂蛹是指 20～22 日龄的蛹,其具有丰富的营养,既可以作为营养食品,制作美味的菜肴和食品,又有医疗作用,还可以用于培养某些昆虫,有广阔的开发前景。

(一)雄蜂蛹的成分

据山西省农业科学院园艺所邵有全分析,22 日龄雄蜂蛹体重258 毫克,含水分 80%;在干物质中粗蛋白质占 63%、碳水化合物占 3.7%、粗脂肪占 16%,含有 17 种氨基酸,其中人体必需的 8 种氨基酸含量相当高。此外,还含有钾、钠、磷、钙、镁等多种无机盐。

雄蜂蛹中维生素的含量很高。100 克干品中的含量为:维生素 A 1 050 单位、维生素 B_2 2.74 毫克、维生素 C 3.72 毫克、维生素 D 1 760 单位、维生素 E 10.4 毫克。

(二)雄蜂蛹的利用

雄蜂蛹经过盐渍或熏制可制作罐头食品;冷冻的雄蜂蛹调味方便,需要量较大。雄蜂蛹经过冷冻干燥制成的干粉是饲养瓢虫、草蛉等有益昆虫的优质高蛋白饲料。

(三)雄蜂蛹的生产工具

生产雄蜂蛹需要预先造好雄蜂脾,每群配备 3～4 个。其他工具包括薄而锋利的割盖刀、蜂王产卵控制器或框式隔王板、冷冻雄蜂蛹使用的不锈钢丝网框和冰柜。高产蜂场大多采用整张雄蜂脾。在流蜜期,按常规方法在蜂群中加入雄蜂巢础框,就可造成整张雄蜂脾。

(四)雄蜂蛹的生产条件和方法

生产雄蜂蛹需要没有病害的强壮蜂群,丰富的蜜粉源或不间断地饲喂蜜粉饲料,使用老蜂王,将蜂王控制在一定区域产未受精卵。

1. 强壮蜂群 蜂群更换越冬蜂进入发展时期以后,蜂王很自然地会产未受精卵。蜂群发展到 10 框蜂、6~7 框子脾,开始生产蜂王浆以后,就可以生产雄蜂蛹。先进蜂场在生产蜂王浆的同时生产雄蜂蛹。

2. 无病害 细菌性幼虫病和白垩病都会使蜂群迅速削弱,不利于生产,开春应进行预防性治疗。蜂螨偏爱寄生在雄蜂虫体上,吸食其营养,影响产量,而且寄生在雄蜂蛹上的蜂螨,在加工时很难除净,严重影响产品的质量,需在晚秋或早春彻底治螨。

3. 蜜粉源充足 雄蜂幼虫消耗饲料多,如果蜜粉源缺乏,特别是在缺乏花粉时,蜜蜂往往不饲喂部分雄蜂幼虫。因此,必须保证巢内饲料充足,必要时进行奖励饲喂,饲喂花粉糖饼或花粉代用品。

4. 生产方法 采用整框雄蜂脾在巢箱让蜂王产未受精卵 72 小时,然后提到继箱中哺育。这种方法不需另增加生产工具,操作简单。长江一带一般在 4~7 月份生产 4 个月,北方在 5~9 月份生产 5 个月。单王群一般在巢箱一侧放 3 框子脾,在巢箱子脾之间加 1 个雄蜂脾,将其他巢脾提到继箱。巢箱和继箱之间加隔王板。3~4 天后把产满雄性卵的巢脾提到继箱哺育,同时将调到继箱的部分巢脾提回巢箱。也可把 1 个雄蜂脾加在 3 框子脾间放在巢箱一侧,另一侧放 1 框子脾和 1~2 框蜜粉脾,其他巢脾放在继箱中。3~4 天后将雄蜂脾提到继箱哺育。双王群一般每只蜂王有 3~4 框子脾,各提 1 个子脾放到继箱,两侧各加入 1 个雄蜂脾,3~4 天后提到继箱哺育,把调到继箱的巢脾调回巢箱。

将雄蜂脾加在蜂群中,上面布满蜜蜂后装入蜂王产卵控制器。将 2~4 只剪去 1/3 上颚的贮存老蜂王关入器中,放在巢箱或继箱中,每隔 3 天就可产满 1 框未受精卵。

雄蜂脾框梁上要写上加脾日期。72 小时后提卵脾时,认真查看产卵情况,如产卵不多,可能是蜂王没有及时到雄蜂脾上产卵,提脾到继箱可延长 1 天,框梁上加脾日期也应改写。到第二十一天达到收购要求,提出采收。有蜜粉源时,在短时期内单王群可 10 天加 1 框雄蜂脾,双王群每 7 天各加 1 框。在无蜜源时期,饲喂蜜粉,单王群每 16~20 天,双王群每 10 天各加 1 框雄蜂脾。

沈育初指出,同时连续生产蜂王浆和雄蜂蛹时,要使工蜂子脾与雄蜂子脾保持在 5:1,蜂群群势就不会受到影响。比值下降时,应延长加入雄蜂脾的日期。

雄蜂幼虫容易感染蜂球囊菌,在每次加入雄蜂脾前用二氧化氯溶液(100 毫克/升)喷脾。如果蜂群已发生白垩病,将巢内的巢脾都喷 1 次,结合更换消毒的蜂箱,每隔 5 天用药 1 次,连续 2~3 次可治愈。

还可以利用一部分处女王产卵,它们产的全是雄性卵。用人工养王的方法培养数只处女王,分别诱入 3~5 框蜂的蜂群,巢门前钉上隔王片,防止它们飞出交尾。到 3 日龄时,把处女王装入王笼,放进玻璃瓶中,通入二氧化碳气使其麻醉,等它要苏醒时放回原群。隔 2 天再用二氧化碳处理 1 次。不久,处女王便开始产卵,成为专产未受精卵的蜂群。定期给它们补充封盖子脾或幼蜂,不断进行奖励饲喂。

(五)雄蜂蛹的采收和加工

20~22 日龄雄蜂蛹是封盖后的 10~12 天,它们的附肢都已发育完全,复眼呈浅蓝色。把封盖的雄蜂蛹脾脱去蜜蜂,在室内平握住,用硬木棒敲打框梁四周,使上面的雄蜂蛹振落到房底,与房盖脱离,用割盖刀仔细割剔房盖,然后翻转巢脾使割开的房口朝下,用木棒敲打框梁,将雄蜂蛹振落到铺在桌面上的纱布上,或振落在不锈钢丝网框里。按前法割去另一面的房盖,收集雄蜂蛹。少数掉不下来的蛹,用镊子夹出。

雄蜂蛹含有大量生物活性物质,采收的新鲜雄蜂蛹暴露在空气中,其体内的酪氨酸酶活性增强,短时间内就会腐败变质,颜色变黑,丧失营养价值。应先把破损的蛹挑出,立刻进行保鲜加工。

1. 盐水煮 新鲜雄蜂蛹用洁净水冲洗干净。在 2 份水、1 份食盐的盐水中旺火煮沸约 15 分钟,至虫体浮起,及时捞出,离心脱水,晾干,装入双层塑料袋密封。常温下可保持 3~5 天,应在 −18℃冰柜贮藏。煮过蜂蛹的盐水重复使用时,每重复使用 1 次要按每升盐水加 150 克食盐,并煮沸使补充的食盐溶化后再用。

2. 旺火蒸 将雄蜂蛹放入铺上干净纱布的蒸屉内,旺火蒸 10 分钟,使酪氨酸酶灭活,蛋白质凝固,然后烘干或风干。干透的雄蜂蛹装入塑料袋,密封,放入冰柜贮藏,保质期约 2 天。

3. 保鲜液保存 邵有全研制的蜂蛹保鲜液配方为:1 升蒸馏水加食盐 30 克、蔗糖 60 克、柠檬酸 1 克、苯甲酸钠 2 克(笔者建议可用苯甲酸钾代替),煮沸,凉后使用。用保鲜液浸渍雄蜂蛹,液面要没过蛹体,以隔绝空气,防止污染和变色,密封暂存,可保存 7 天。

4. 冷冻保存 将雄蜂蛹平铺在不锈钢网框里,放入 −18℃冰柜冷冻,然后分装。采用充二氧化碳或氮气或抽真空密封,在 −20℃冷冻贮存,保鲜度高,营养成分保存完善,保质期长。

八、蜂产品综合高产技术

蜂产品综合高产技术是薛后卫、张大隆根据南京市郊区的养蜂生产实践，提出的"三定"饲养技术，是指定蜂群数量（200群蜂）、定管理人员（3名养蜂技术员，生产期增加3名辅助人员）、定年产值40万元（根据养蜂员技术水平、蜂群质量和蜜源条件制定年产值），实现蜂产品综合高产。这种管理模式适用于长江流域地区以生产蜂王浆和雄蜂蛹为主的定地饲养。

（一）养蜂场地建设

建6排放置蜂群的水泥地基。长25米、宽1.3米、高15厘米，排距3.5米，地基平面向前稍有倾斜。地基后缘留有通长预制小槽，槽内嵌入喂糖浆的塑料软管，用小三通管接通每群蜂箱内底部的饲喂器。每排总管与糖浆贮罐相连，可以自动喂蜂。6排水泥地基放生产群5排，每排40群，最后1排摆放蜂王浆生产用供虫群和育王交尾群。蜂场地下埋设自来水管，配上能够覆盖蜂场的喷雾装置。在高温干燥时期，自动喷雾增湿，可保持蜂子正常发育和蜂王浆增产。在每排地基的后上方架设可调节的防风、遮阳、避雨篷。

蜂王浆和雄蜂蛹生产用房，面积为25～30米^2，内设能容纳5～6人同时工作的1个长形蜂王浆生产工作台和1个雄蜂蛹生产工作台。每个台位都配备可调式日光灯。配备200升冰箱1台、500升冰柜2台、手推车2台。有条件的可装空调，改善劳动条件。另外，建蜂蜜和蜜蜂饲料贮存室各1间。

（二）蜂群管理措施

核定3人管理200群蜜蜂，要完成预定的年产值，必须改进饲养管理方法。

1. 关王、育王、换王、治螨同期进行　事先制定计划，在秋季同一日期（例如8月中下旬）将全场蜂群的蜂王用王笼关闭，挂在蜂巢中子脾之间，同日移虫培育蜂王。经过21天群内蜂子已全部羽化,交尾群的新蜂王开始产卵,这时对生产群防治蜂螨 1 次,隔 3 天再防治 1 次。由于蜂群里没有蜂子,治螨较彻底,可培育出健康的越冬蜂。同时,将老蜂王更换成新蜂王,为翌年春繁创造有利条件。新蜂王产卵力强,由新蜂王组成的双王群到 10 月下旬完全可以达到 7~8 框子脾,而且子脾面积大,蜜蜂健康。全场在秋繁以前都组成双王群。另贮备 100 只蜂王,作为春繁时期的备用蜂王。更换的老蜂王,选择好的关入王笼,贮备在原群中。组成新蜂王双王群后用浓糖浆饲喂,饲喂量逐渐增加,到 10 月下旬秋繁结束时,继箱里大部分是蜜脾,这时将蜂王关入王笼。进入越冬前蜂子出完后,抽出巢箱的空脾,用继箱的蜜脾补满巢箱,撤除继箱。

2. 春繁管理　采取不紧脾繁殖,以减少开箱调脾,保持蜂巢温度稳定,减少饲料消耗,也不易引起盗蜂和失王。双王群中间的闸板改用塑料巢脾下部带有 6 厘米宽的隔王栅(图 2-38),可充分利用巢箱的空间,避免两边蜜蜂的偏集。使用高效饲喂系统,将当天所需糖充分溶化、过滤,由输送泵送到不锈钢贮存塔罐内。饲喂时打开总阀门,糖浆通过导管流入各群箱底饲喂器,自动控制。全场 200 群蜂只需 5 分钟就能喂完。全年可免除喂蜂开闭箱盖 10 万次,劳动强度大大降低,不受天气限制,并可降低和预

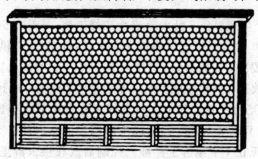

图 2-38　塑料巢脾闸板

防盗蜂的发生。

在 1 月中下旬进行全面检查，促进蜜蜂排泄，同时防治蜂螨，然后放出蜂王。记录少数丧失蜂王的、需调整群势的和缺少饲料的，以后处理。这时双王群有 6 足框蜂，除中间隔板脾外，每边放 4 个脾。以后每隔 20～30 天选择 3～5 个观察群进行检查，推测蜂群的子脾和花粉消耗情况，做出补充花粉计划，抽出空脾，加进人工花粉脾或饲喂花粉糖饼。3 月中下旬油菜开花流蜜，进入生产期。

3. 生产期蜂群的管理 从 3 月中下旬至 10 月中下旬是生产期，共 7 个月。每月轮流普查 1 次蜂群，同时在箱底撒入适量的杀螨剂与升华硫混合的药剂，抑制大、小蜂螨的增殖。全场设 5 群为螨情测报群，每月从每个测报群抽出 1 框蛹脾，每脾割开 20 个蛹房盖，夹出蜂蛹，统计蜂螨寄生率。如低于 4％表明尚在控制范围，如果等于或高于 4％，就要采取防治措施。施药时要收集几群的落螨情况。如果落螨较多并且蜜蜂安全，说明药效好。如果落螨 1～2 只或没有落螨，表明螨药无效或使用不当，应采取补救措施，以免延误防治造成损失。及时补充饲料，特别在缺粉期补充人工花粉脾。气温达到 30℃时开始遮阳，气候干燥时喷雾增湿。

（三）蜂王浆生产技术的改进

200 个生产群分 3 批次轮流生产蜂王浆，每天有 66 群投产。按全场 200 群生产蜂王浆的最大需虫量，确定 20 个供虫群。每个供虫群要有 5 足框蜂，1～2 框封盖子脾，1 框大幼虫脾，1～2 框蜜粉脾。放入 4 只贮备的老蜂王，剪去这些老蜂王一对上颚的 1/3，避免它们互相咬杀。其中 1 只老蜂王在群中散放产卵，维持群势；另外 3 只老蜂王集中放在蜂王产卵控制器内的 1 个空脾上，使 3 只蜂王在 1 个巢脾上产卵。控制器放在供虫群里蜂巢的一侧。3 天后提出这框卵脾，放在控制器旁侧，同时给控制器加入 1

框空脾。第六天提出小幼虫脾供移虫用。此虫脾面积大而且整齐,1 框虫脾可供 10 个蜂王浆生产群移虫。按同样方法组织第二批次(66 群的供虫群)和第三批次的供虫群。依此类推循环供虫,每天可以节省很多时间到蜂场找虫脾。

要最大限度地提高工作效率,在房间里的长形工作台实行流水作业。操作步骤为:

割削王台加高部分的蜡壁→夹出幼虫→清理台基和点浆→移虫

每项作业都配备可调的节能灯和盛接器。完成一批移虫,将台基条和王浆框放进塑料周转箱,用手推车运到蜂场,周转更换另一批次王浆框,如此循环至当日蜂王浆生产结束。

台基条的周转利用:每天预留 20 个生产群的台基条,取出蜂王浆,保湿存放在周转箱内。翌日先给预留的台基条移虫,运到蜂场周转当天取浆群的王浆框。可根据蜂群的强弱增减台基条数量。实行周转轮换操作,做到王浆框边出边进两道工序一同完成,省时便捷,保持工蜂吐浆的连续性。平均每群应生产蜂王浆 8 千克以上。

(四)雄蜂蛹生产技术的改进

每群配备 4 框雄蜂脾,其中 3 框分 3 次加入,每 6 天加入 1 框,连续不断生产。另一框是周转脾。将雄蜂脾放在蜂王产卵控制器内,用前一年秋季更换下来的老蜂王产未受精卵。控制器放在双王群的继箱里。秋季换下的老蜂王关在蜂王笼中贮存在原群中越冬,可免去诱入蜂王的麻烦。生产雄蜂蛹 4 个月,每群每月平均产 4 脾,每脾约产雄蜂蛹 600 克。

（五）采蜜技术的改进

按蜂蜜标准生产，取成熟蜜。采蜜时使用3台分蜜机，配备3名辅助工分离蜂蜜，3名技术人员负责脱蜂。每台分蜜机配备8～10个周转用的空脾。一群蜂的蜜脾从继箱提出脱完蜂后，随即加入同等数量的空脾。摇完蜜的空脾，作为下一群的周转脾。

（六）花粉采集技术的改进

长江中下游春季的油菜，夏季的玉米和秋季的拉拉秧、野蒿或茶花可用花粉采集器采集，平均每群可采集8～10千克。

另外，还可收集蜂王幼虫，生产蜂胶和蜂蜡。

第三章 蜜蜂授粉技术

蜜蜂在从植物的花里采集花蜜和花粉的过程中,也在为植物传播花粉,其中包括许多与人类生活有关的经济作物。通过蜜蜂的异花授粉,可以提高植物果实和种子的产量和质量,增强种子和后代的生活力。

养蜂业的经济价值不仅限于生产多种有益的蜂产品,更重要的是体现在为大田作物、油料作物、纤维作物、果树、瓜类、牧草、绿肥作物、中药材、经济林木等传授花粉,大幅度提高它们的产量和质量,其增产效益远远超过蜜蜂产品本身价值的几十倍。美国农业部卡尔·海登蜜蜂研究室 M·D·列文(1983)估计,1980 年美国生产蜂蜜和蜂蜡的价值为 1.4 亿美元,当年蜜蜂为农作物授粉的产值将近 200 亿美元。1985 年,欧洲共同体的 12 个国家共有蜜蜂 650 万群,17 种果树、12 种蔬菜和牧草的总产值为 65 亿欧洲货币单位,其中受益于蜜蜂授粉的增产价值为 4.25 亿欧洲货币单位。我国自 1956 年以来,已经试验研究了油菜、向日葵、油茶、乌桕、大豆、荞麦、棉花、苹果、梨、李、荔枝、柑橘、黄瓜、西瓜、花菜、甘蓝、苕子、紫云英、党参、莲子、砂仁等 20 多种作物的蜜蜂授粉,均获得了增产,增产低的也在 10% 以上,最高的可增产几倍。因此,蜜蜂授粉是农业增产技术措施之一。

近年来,科研单位除继续进行大田作物的蜜蜂授粉试验以外,着重研究了利用蜜蜂为温室蔬菜、瓜、果的授粉及推广工作。例如,中国农业科学院蜜蜂研究所 1991~1995 年,在北京巨山农场的试验结果为:蜜蜂为温室黄瓜授粉,平均增产 27%~40%,同时质量也有改善。蜜蜂为温室番茄授粉比无蜂喷施 2,4-D 生长素对照区的坐果率提高 42％，产量增加 10％，每 667 米² 节约喷施生长素所需劳动力 140 个，还避免了因喷施不均而引起药害和果实受污染的问题。蜜蜂为温室苦瓜授粉坐果率可达 90％ 以上，为冬瓜授粉产量提高 80％，为辣椒授粉增产 1.5 倍。浙江大学动物科学学院蜂业研究所和浙江省农业科学院园艺所 1995 年利用蜜蜂为网室制种蔬菜授粉，分别使黄芽白菜、大白菜自交系和酱渍萝卜种子产量提高 14％、66％ 和 125％。目前，在河北省保定市和辽宁省东港、凤城一带的草莓产区，都已普遍采用蜜蜂为大棚种植的草莓授粉。

目前，我国大田作物租赁蜜蜂授粉的比例相当低，但其经济价值仍然十分巨大。据农业部估计，每年蜜蜂授粉促进农作物增产的价值超过 660 亿元。近年来，我国设施农业发展迅猛，设施作物应用蜜蜂授粉的重要性逐渐被人们了解，尤其在温室草莓、桃、杏等水果租赁蜜蜂授粉的比例已经达到 80％ 以上，在其他瓜果蔬菜及蔬菜制种中的应用程度也在逐步提高。

中国农业科学院蜜蜂研究所资源室熊蜂课题组 1988 年以来不但繁育成功了从国外引进的熊蜂，而且也繁育成功了 2 种本国的熊蜂，并在北京市和上海市推广利用熊蜂给温室番茄授粉。2009 年，在国家蜂产业技术体系的支持下，成立了北京综合试验站，5 年来建立蜜蜂授粉示范基地 10 个，每年为大棚、大田作物授粉超过 6 600 多公顷，农业总产值达 6 亿元。

北京市农林科学院信息研究所王凤鹤团队，从 1986 年利用蜜蜂给蔬菜亲本繁育制种和果树、西瓜生产授粉开始，经历 20 多个春秋的不懈探索，先后完成了包括西方蜜蜂、壁蜂、熊蜂、切叶蜂、中华蜜蜂、无刺蜂等系列蜂种的授粉研究，进行了授粉蜂优势蜂种的筛选、鉴定、生活规律、人工繁育与驯化、主要蜂病防治技术、授粉蜂使用的标准蜂具及授粉蜂工厂化生产技术等研究工作，提出了蜜蜂授粉的配套技术和操作规程，建立了蜜蜂生产繁育基地与授粉示范基地,持续开展了对蜂农和果农、瓜农、菜农授粉应用技术的培训,在市政府和主管部门的支持下,建立了养蜂专业合作社和蜂授粉专业服务队,蜂授粉推广工作已被纳入市农业规划,蜂授粉产业正在逐步向批量化生产、规模化推广、市场化运作、专业化服务等体系建立方向发展。20 世纪 90 年代末,在北京市农林科学院成立了国有控股的专业蜂授粉公司——北京永安信生物授粉公司。熊蜂在春、秋季节棚室番茄、大辣椒及秋季棚室草莓等的授粉,已在北京市郊区和河北、山东和东北等的 20 多个地区得到广泛应用。2013 年建成了全国最大的熊蜂工厂化繁殖车间,实现年产授粉熊蜂 3 万箱的能力。

　　北京市利用各种蜂授粉增产的效果为:西瓜经西方蜜蜂授粉与人工授粉比较,每 667 米² 增产 500 千克;番茄经熊蜂授粉与人工授粉比较,每 667 米² 增产 488 千克;红星苹果经壁蜂授粉比未放蜂者每 667 米² 增产 900 千克;草莓经中蜂授粉比西方蜜蜂授粉每 667 米² 增产 227 千克,比熊蜂授粉每 667 米² 增产 67 千克;切叶蜂为大豆育种和苜蓿授粉也收到了良好效果。无刺蜂是热带和亚热带地区的重要授粉昆虫之一,在北京市从 10 月份至翌年 4 月份在室内保证一定温度和饲喂条件下可以安全越冬,从 4 月下旬至 9 月中旬可利用切叶蜂授粉。

　　2010 年,农业部在深入调研的基础上,相继制定颁布了《农业部关于加快蜜蜂授粉技术推广促进养蜂业持续健康发展的意见》和《蜜蜂授粉技术规程》(试行),明确提出了"全面贯彻落实科学发展观,坚持发展养蜂生产和促进农作物授粉并举,加快推动蜜蜂授粉产业发展",确定了我国养蜂业发展的正确路线。

　　2012 年,北京市园林绿化局制定了《北京市蜂产业"十二五"发展规划》,其中明确未来 5 年,北京市将"以顺义区蜜蜂授粉繁育基地为中心,充分发挥 10 个蜜蜂授粉专业队的作用,以草莓、西瓜、大桃 3 个作物品种为重点,大力开展蜜蜂授粉,加大蜜蜂授粉专业队培训和服务力度,实施蜜蜂授粉富民工程,与各区(县)果办和果蔬产业协会联合,实现蜂农、果农、瓜农的多赢",从而为北京市蜜蜂授粉产业化建设迎来新机遇、开创新局面打下坚实基础。北京市先后制定了《设施西瓜蜜蜂授粉技术规范》《设施草莓蜜蜂授粉技术规范》和《设施果茄类蜜蜂授粉技术规程》3个地方标准。

2014年3月份,农业部在安徽省合肥市召开了蜜蜂授粉和绿色防控增产技术集成与应用示范现场会,提出2014年要率先在大豆、油菜、苹果、番茄等10种作物,在安徽等12个省、自治区、直辖市建立20个示范基地,集成示范关键技术,初步形成10种作物的蜜蜂授粉和绿色植保增产集成技术规程,为今后大面积推广应用打下基础。这对促进我国农业增产、农民增收、改善农业生态环境、促进农产品质量安全有重要意义。

用于给农作物授粉的蜂群,应是具有新蜂王、有15~20框蜂的强壮蜂群,并需加强饲养管理,促进蜂群增殖,提高蜜蜂采集的积极性。在作物开花前5~7天,将授粉蜂群搬到授粉作物区。

为避免蜜蜂受到农药危害,尽量不在花期内施用农药。如果必须施药,要将蜂群临时迁移,或实行1~2天的幽闭。将幽闭的蜂群放在遮阳、凉爽、通风的地方,最好放在暗室内。每天饲喂清水。

授粉所需蜂群的数量,根据作物的面积、花的数量和对蜜蜂的吸引力等因素,可分为以下几大类。

第一类,包括果树、浆果树和干果树,按每公顷(15亩)配置2群(15~20框蜂的蜂群)计算。在大型果园,以50群蜂为1组,每隔500米设置1组蜂群。

第二类,包括荞麦、油料作物、瓜类、紫云英及能吸引蜜蜂的其他大田作物。每公顷作物需要的授粉蜂群数量为:瓜类0.5群、油料作物1群、荞麦2群、紫云英和红豆草3群。为大面积农田授粉,也应分组设置蜂群。

　　第三类,包括红车轴草、紫苜蓿及其他蜜蜂不太愿意采集的作物,需要采取引导蜜蜂采集的措施。通常采用训练蜜蜂的方法,即在每天清晨饲喂花香糖浆,每群每次饲喂 100～200 克,连续饲喂 3～5 天。花香糖浆的配制方法:用一个干净的容器,放入 1 份白糖,兑入等量的开水溶化,放凉至 20℃～30℃时,按糖浆的容量放入引诱蜜蜂采集的植物花瓣 1/3,搅拌均匀,盖严盖子,放置 1 夜,滤出花瓣即可饲喂。

　　第四类,包括温室、塑料大棚种植的瓜类、蔬菜、水果及蔬菜的亲本繁育和杂交制种。

　　利用蜜蜂为大型温室授粉,可将授粉蜂群分为两组:一组放在温室内授粉,每 50 米² 放 1 个平箱群。预先让蜜蜂在空温室内进行飞行排泄,然后搬入蔬菜开始开花的温室。另一组蜂群放在室外(冬季同样须进行越冬包装,或放在越冬室),为温室内的蜂群提供蜜脾和花粉脾。温室内的蜂群变弱时,搬到室外饲养,使它们恢复群势,将室外或越冬室里的蜂群搬到温室去接替。

　　可以在温室的南墙上开个小窗。为了便于蜜蜂定向,把窗框四周涂上黄色或蓝色油漆。在 14℃ 以上温暖日子的上午 9～10 时,打开小窗,让部分蜜蜂飞到室外采集,傍晚将小窗关闭。在温暖季节,也可以将授粉蜂群放在室外,箱门紧靠温室墙壁,由走廊通入温室。

　　为 300 米² 左右小面积的保护地授粉,可以使用 3 框蜜蜂的无王群,进行一次性的蜜蜂授粉。为 50 米² 网棚的十字花科蔬菜制种授粉,使用 1 框蜜蜂的无王群即可。北京市农林科学院养蜂室在推广蜜蜂为保护地蔬菜授粉中,使用瓦楞纸板箱作为授粉小蜂群的蜂箱,既经济、实用,又轻便,效果良好。

　　熊蜂个体大,寿命长,全身有绒毛,喙较长,能给深花冠的花朵授粉。熊蜂对低温、弱光适应性较强,它们在温室、大棚内不去碰撞玻璃或塑料棚,尤其适宜给温室作物授粉;对具有特殊气味的番茄授粉及对受到振动释放花粉的声振作物如番茄、草莓、茄子等授粉效果更显著,增产幅度达 30％以上。中国农业科学院蜜蜂研究所及北京市农林科学院都已掌握了熊蜂周年繁育技术,并实现了工厂化生产,在北京、上海、河北、山东、吉林和深圳等地推广,为当地的温室菜果授粉,取得了明显的增产效果。

第四章　养蜂始业

养蜂是一项技术性比较强的养殖业,养蜂人员在准备养蜂以前,对当地的蜜源植物和气候条件、适合饲养的蜜蜂品种、学习养蜂的场所、购买蜂种和蜂具的地方以及有哪些参考资料等,要有大概的了解。现将有关情况介绍如下。

一、蜂群蜂产品的年产量

1群蜂1年的产量主要由养蜂技术水平、蜜源条件和气候情况等多种因素决定。一般来说,1群欧洲蜜蜂1年平均可生产蜂蜜25千克、蜂王浆1千克、蜂花粉1千克。此外,还可生产蜂蜡、蜂胶、雄蜂虫蛹、蜂毒。使用活框蜂箱科学饲养的中蜂,1群1年平均可生产蜂蜜10千克、蜂蜡0.1千克,也可以生产蜂花粉、蜂王浆和雄蜂蛹。土法饲养的中蜂,1年1窝平均可生产蜂蜜约3千克、蜂蜡约0.25千克。

二、养蜂技术培训单位

养蜂的技术要求较高,在广大农村养蜂不是很普遍。对蜜蜂完全陌生的人只依靠书本自己钻研,时常会遇到一些不知道如何解决的困难。稳妥的办法是跟随养蜂专业户学习,通过1周年的实践,掌握了基本操作技能、四季管理技术和基础理论以后,再自己建立蜂场。

各省、自治区、直辖市有些农业职业中学的畜牧、园艺专业开养蜂课,志愿从事养蜂工作的初中生可以联系报考。如黑龙江省牡丹江农业学校有养蜂专业,专门培养中等养蜂技术人员;湖南省隆回县成人中等专业学校蜂学专业及函授班、吉林省养蜂科学研究所函授部也培养养蜂技术人员;浙江大学动物科学学院蜂业研究所免费培训养蜂技术人员。

有些大专院校如中国农业大学、浙江大学动物科学学院、云南农业大学、河北农业大学、山东农业大学、江苏农学院、山西农业大学、新疆石河子农学院等,在畜牧兽医或昆虫、植保、园艺、食品加工系开有养蜂课;福建农林大学是全国唯一开设蜂学学院的高等学府,志愿从事养蜂工作的高中生可以联系报考。

三、养蜂业领导机关和科研机构

农业部畜牧局畜牧处领导全国的养蜂生产,各省、自治区、直辖市大部分由畜牧部门领导,养蜂发达的省、市、县为加强养蜂生产的领导还成立了养蜂管理站。主要的蜜蜂科研单位有中国农业科学院蜜蜂研究所、江西省养蜂研究所、吉林省养蜂科学研究所、北京市蜂产品研究所、北京市农林科学院畜牧研究所蜜蜂研究室、甘肃省养蜂研究所、黑龙江省养蜂试验站、广东省昆虫研究所蜜蜂研究室、郑州市农业科学研究所养蜂分所、浙江大学动物科学学院蜂业研究所、云南农业大学东方蜜蜂研究所、贵州省畜牧兽医科学研究所禽蜂研究室、江苏农学院蜜蜂研究室、福建农林大学蜂疗研究所等。此外,一些省、自治区还在县(市)一级设有蜂业研究机构。养蜂者可到这些领导部门和研究单位进行业务咨询。

四、养蜂群众组织

全国性养蜂组织有中国养蜂学会、中国蜂产品协会，大部分省、自治区、直辖市有养蜂学（协）会。养蜂发达的县、市也有养蜂协会。这些单位都设有咨询业务。

中国养蜂学会

地址：北京市海淀区中关村南大街 12 号中国农业科学院 8 号楼（旧主楼）303 室

邮编：100081

电话：(010)82106450

中国蜂产品协会

地址：北京市复兴门内大街甲 45 号

邮编：100801

电话：(010)66011291

五、养蜂报刊

中国农业科学院蜜蜂研究所编辑出版的《中国蜂业》月刊、云南省农业科学院情报所主办的《蜜蜂杂志》月刊、江西省养蜂研究所和江西省养蜂学会主办的《养蜂科技》双月刊，都是可在全国各地邮局订阅的养蜂期刊。中国蜂产品协会主办、北京市蜂产品公司协办的《中国蜂产品报》每月出版 2 期。

《中国蜂业》编辑部

地址：北京市香山卧佛寺西侧

邮编：100093

电话：(010)62595931

《蜜蜂杂志》编辑部

地址：云南省昆明市官渡区江岸小区

邮编：650231

电话：(0871)5179873

《养蜂科技》编辑部

地址：江西省南昌市向塘镇向东路 50 号

邮编：330201

电话：(0791)5030416

《中国蜂产品报》

地址：北京市复兴门内大街甲 45 号

邮编：100801

电话：(010)66011291

六、业务咨询和商品交易所

1. 中国蜂业综合服务平台 中国蜂业综合服务平台是中国农业科学院蜜蜂研究所于 2011 年创办的，平台采用电话咨询、网上问答、短信咨询、书信回复等方式，免费为全国蜂业从业人员提供公益性咨询服务。内容包括：养蜂知识（养殖、病虫害防治）、市场价格行情等，内容丰富，是全国蜂农朋友致富的好帮手，也是蜂业工作者和养蜂爱好者学习、交流的平台。

各位用户可拨打免费热线电话4006502953，咨询养蜂相关问题；也可使用手机短信服务（免费），发送短信至13488649273（请大家尽量以短信方式咨询），服务时间为正常工作日上午 8：30 至下午 4：30。

YZ＋内容咨询养殖问题

BH＋内容咨询病虫害问题

GQ＋内容发布供求信息

例如：

BH 我叫刘某某在福建省永定县养殖中蜂，咨询中蜂囊状幼虫病防治方法。

GQ 我是王某某在福建省永定县养殖意蜂，现有数吨蜂蜜出售，质量价格详谈。

地址：北京市海淀区香山北沟1号蜜蜂研究所蜂业服务中心

邮编：100093

网址：http:/bee. bricaas. org. cn

E-mail：beefans@sina. com

2. 渤海商品交易所 渤海商品交易所是经国务院授权，由天津市政府发起设立的国内最大的综合类大宗商品交易所，设立监管会，由省级政府直接监管。该交易所依托市场服务网、资金结算网、仓储物流网和信息发布网，具备了现货贸易、商品投资、价格发现三大核心价值。其主要功能是：通过网络，可以买卖货物；买卖双方自主报价，自由交易；规则统一，保障到位，质量可靠；统一授信，质押方便，放款及时；保证金交易制，多空双向均可操作。

蜂产品电商化是全新的蜂蜜、蜂王浆电商化贸易平台，具有许多优点，如形成蜂产品电商平台，促进蜂产品流通；标准化交易，保障产品质量；集中交易交收，不再担心买不到、卖不掉；保证金交易制度，保障交易可靠性；仓单质押程序化，轻松实现融资融货；转变经营模式，引领行业发展。

蜂王浆产品于2014年6月30日开始上市交易，当天蜂王浆交易金额突破2亿元，成交量超过58万千克。到当年11月1日止，蜂王浆交易额达335.46亿元。蜂王浆已成为渤海商品交易所已上市的115个品种中交易额、交收量、认知度最高的一个品种。目前正在筹备蜂蜜上市交易。

渤海商品交易所蜂蜜、蜂王浆交收运营中心设在"中国蜜蜂之乡"——浙江省江山市。

电话/传真：(0570)4996499
联系人及联系电话：吴丽楠　13511418362
赵东　18950407911
蔡向平　18967940348

七、出售蜂王、蜂群的单位

中国农业科学院蜜蜂研究所育种中心
地址：北京市香山卧佛寺西侧
邮编：100093
电话：(010)62598963,62591794

浙江大学实验蜂场
地址：浙江省杭州市凯旋路 258 号
邮编：310029
电话：(0571)85559525,86044551
手机：13805797451

吉林省蜜蜂遗传资源基因保护中心
地址：吉林市丰满街园林路 47 号
邮编：132108
电话：(0432)64690952

山东省蜂业良种繁育推广中心
地址：山东省泰安市虎山路 35 号
邮编：271000
电话：(0538)8586978

辽宁省蜜蜂原种场
地址：辽宁省兴城市温泉街油田路 3 号
邮编：125100
电话：(0429)5481399

东北黑蜂原种场

地址：黑龙江省饶河县

邮编：155700

手机：13846949577，13946610505

江西省种蜂场

地址：江西省南昌县小蓝工业园小蓝一路

邮编：330052

电话：(0791)85763308

手机：18942225810

山西省晋中种蜂场

地址：山西省晋中市榆次区锦纶路 52 号

邮编：030600

电话：(0354)2028752

黄山市种蜂科学研究所——黄山种蜂场——黄山市中蜂原种场

地址：安徽省黄山市屯溪区屯光镇汉沙村

邮编：245000

电话：(0559)2341046

手机：13805596576

尼勒克种蜂场

地址：新疆维吾尔自治区伊犁州恰特塔勒布拉克队

邮编：835706

平湖市种蜂场

地址：浙江省平湖市新华南路 230－232 号

邮编：314200

电话：(0573)85017082，85272133

德兴蜂业有限公司

地址：浙江省杭州市萧山区靖江街道靖东

邮编：311223

电话：(0571)82191702

福赐德中蜂种蜂场

地址：浙江省江山市虎山街道景星东路 298 号

邮编：324100

电话：(0570)4333668

黑龙江省南北笼蜂研究所

地址：黑龙江省宾县胜利镇太平山屯

邮编：150400

手机：18604613035

湖南省澧县蜂业协会（售蜂群）

地址：湖南省澧县大堰垱镇西街

邮编：415504

手机：13907422632

九头鸟养蜂专业合作社（售笼蜂、生产用蜂王、防蜇服）

地址：湖北省仙桃市毛嘴镇江汉路一巷 21 号

邮编：433008

手机：13593960794

八、出售蜂具、蜂药、巢础的单位

徐氏蜜蜂巢础机厂

地址：黑龙江省牡丹江市温春镇春中路 7 号

邮编：157041

电话：(0453)6402281,6490452

东北林业大学蜂业研究室（售塑料巢脾）

地址：黑龙江省哈尔滨市和平路 20 号 15 号信箱

邮编：150040

电话：(0451)2116579

金辉蜂产品有限公司

地址：黑龙江省尚志县韦河镇和平路 127 号

邮编：150623

电话：(0451)53485120,53487498

益生蜂产品商店

地址：黑龙江省尚志县韦河镇和平路 135 号

邮编：150623

电话：(0451)3485388,3489989

誉兴蜂产品经销站

地址：黑龙江省龙江县六道街邮政家属楼下

邮编：161100

电话：(0452)5834518,5835929

吉蜜蜂业产品商店

地址：吉林省吉林市吉林大街乾丰园 2 号楼蜜蜂园

邮编：132001

电话：(0432)2542372,2761000

翠康蜜蜂园

地址：吉林省吉林市船营区吉林大街 318 号

邮编：132011

电话：(0432)2553122

喀左县蜂业服务部

地址：辽宁省喀左县

邮编：010200

电话：(0471)4875148,4860911

黄山蜂产品有限公司(售巢础及蜂具)

地址：河北省石家庄市易县凌云册乡黄山村

邮编：074200

电话：(0312)8290858

金星蜂产品加工厂

地址：河北省阜城县霞口朱托

邮编：053701

电话：(0318)4796104

生宝蜂业园（售塑料巢蜜盒、活动王台盒）

地址：山东省梁山县0239142信箱

邮编：274800

电话：(0537)7326298

明华蜂场服务部

地址：山东省金乡县金河路42号

邮编：272200

电话：(0537)8723852

清坤蜂蜡巢础加工厂

地址：山东省临清市老赵庄红庙周15号

邮编：252600

电话：(0635)2633156

横水蜂业联络处

地址：山西省绛县横水菜市街

邮编：043601

电话：(0359)6581004

恒达联合药业有限公司

地址：山西省绛县厢城路西段

邮编：043600

电话：(0359)6522823

振兴鱼蜂药业有限公司

地址：山西省绛县城西科技开发区8号

邮编：043600

电话：8008069088

闻喜蜂药厂

地址：山西省闻喜县礼元镇蜜蜂楼

邮编：043802

电话：(0359)7337215,7337789

卫鹏制药有限公司

地址：山西省绛县城西科技开发区

邮编：043600

电话：(0359)6535777

兴誉蜂产品厂

地址：山西省绛县古绛镇沟塄蜂业大楼

邮编：043600

电话：(0359)6560021

俊尧蜂具厂

地址：河南省长葛市大周镇双庙李村 199 号

邮编：461507

电话：(0374)6865877

前进蜂产品加工厂

地址：河南省长葛市官亭乡尚庄

邮编：461502

电话：(0374)6646876

恒翔巢础厂

地址：河南省镇平县曲屯曹营

邮编：474275

电话：(0377)5689994

甘肃省养蜂研究所蜂药厂

地址：甘肃省天水市北道区桥南开发区

邮编：741020

电话：(0938)2511215

仙桃市联合养蜂场

地址：湖北省仙桃市仙下河北路 37 号

邮编：433000

电话：(0728)3276156

南康市蜂业经营部

地址：江西省南康市东山公园旁

邮编：341400

电话：(0797)6633865

益精蜂业有限公司

地址：江西省上饶市汪家园胜利大桥头

邮编：334000

电话：(0793)8211440

天意生物技术开发有限公司(售 EM 原露)

地址：江西省南昌市省政府大院省农业厅内

邮编：330046

电话：(0791)6229858,6216058

上海汇开经贸有限公司(售塑料巢础)

地址：上海市闵行区航华三村四街坊 278 号 601 室

邮编：201101

电话：(021)62287110

缙云县蜂业实验厂

地址：浙江省缙云县大桥西路 17 号

邮编：3214001

电话：(0578)3123402

兴华蜂具厂

地址：浙江省慈溪市杭州湾镇劳家棣

邮编：315335

电话：(0574)63499800

佳佳塑料蜂具厂

地址：浙江省慈溪市长河镇大云村

邮编：315326

电话：(0574)63413114

祖根塑料蜂具厂

地址：浙江省慈溪市范市工业开发区

邮编：315312

电话：(0574)63705298

创新塑料五金厂

地址：浙江省海盐县武原镇新桥北路123号

邮编：314300

电话：(0573)6300672

友联竹木综合厂

地址：浙江省龙泉市北河街147-2号

邮编：323700

电话：(0578)7250255

歙县蜂业所

地址：安徽省歙县大北街172号

邮编：245200

电话：(0559)6531275

沙洲蜂产品经营部

地址：安徽省黄山市屯溪区戴震路11-8号

邮编：245000

电话：(0559)2522056

新正蜂具厂

地址：安徽省黄山市屯溪区戴震路80号

邮编：245000

电话：(0559)2535711

鑫海蜂具制品厂

地址：安徽省黄山市屯溪区奕棋镇

邮编：245021

电话：(0559)2563337

休宁县林场蜂具加工厂

地址：安徽省休宁县源芳乡梓源村

邮编：245411

电话：(0559)7771680

汪氏动物保健有限责任公司(原资阳蜂药厂)

地址：四川省成都市双流县西南航空港经济开发区文星镇

邮编：610207

电话：(028)85874381

致远塑料厂(原二轻供销公司,售分蜜机)

地址：四川省乐山市犍为县

邮编：614400

电话：(0833)4221359

余氏养蜂场巢础工厂

地址：海南省澄迈县福山镇红光农场丰收队

邮编：571921

电话：(0898)67582181

当阳市养蜂研究所(售脱粉器)

地址：湖北省当阳市广州路七巷 11 号

邮编：444100

电话：(0717)3226898

百隆塑料制品有限公司

地址：浙江省慈溪市范市镇工业区

邮编：315312

电话：(0574)63705298

蜂力竹木制品厂

地址：浙江省龙泉市城东一路 236 号

邮编：323700

电话：(0578)7250255

卓宇蜂业有限公司

地址：河南省长葛市官亭尚庄蜂业园

邮编：461502

电话：(0374)6846777

天香营养食品厂（售大豆蛋白粉）

地址：江苏省宿迁市府东路 9-302 号

邮编：223800

电话：(0527)84210776

捷达食品有限公司（售大豆蛋白粉）

地址：江苏省宿迁市仰化镇刘老涧翻水站院内

邮编：223842

电话：(0527)84772794

绿纯（北京）科技发展中心

地址：北京市门头沟区妙峰山镇黄台村

邮编：102300

电话：(010)62138181,4006408118

祥业农业投资开发有限公司

地址：甘肃省兰州市城关区底巷子 21 号

邮编：730030

电话：(0931)8865092,8865177

三庸蜂业科技有限公司

地址：浙江省杭州市江干区九堡镇九横路 166 号

邮编：310000

电话：(0571)86903118

江西农业大学蜜蜂研究所

地址：江西省南昌市昌北经济开发区

邮编：330045

电话：(0791)83828176

靖江蜂芸蜜蜂饲料公司

地址：江苏省靖江市生祠镇

邮编：214500

手机：13615197941,13914537127

蜂源蜜蜂饲料有限公司

地址：山东省龙口市北马镇

邮编：265702

电话：(0535)8926623

手机：15315455880

葆春蜂王浆有限责任公司

地址：湖北省武汉市黄陂区武湖农场发展大道 8 号

邮编：430315

电话：(027)82848652,82794984

润祥巢础加工厂

地址：黑龙江省哈尔滨市阿城区阿什河街新城

邮编：150006

电话：(0451)58816488

八千天一巢础厂

地址：河南省新郑市八千工业园

邮编：451100

电话：(0371)62421132

新兴蜂产品(机具)有限公司

地址：河南省长葛官亭上庄蜂业园

邮编：461502

电话：(0374)6846166,6846366

昌达蜂业有限公司

地址：河南省长葛市官亭乡上庄

邮编：461500

电话：(0374)6646199,6646299

吉林省瑞兴动物保健品有限公司

地址：吉林市龙潭区缸窑经济开发区

邮编：132208

电话：(0432)64958111,64959244

永安信生物授粉公司

地址：北京市海淀区板井北京市农林科学院院内

邮编：100089

电话：(010)88445386

廊坊市蜂业设备研究所

地址：河北省廊坊市大城县南环西路121号

邮编：065900

电话：(0316)5526558

五征集团养蜂车专营部

地址：山东省日照市

电话：(0546)8222974

手机：18300339118

饶河以勒园木材加工有限公司

地址：黑龙江省饶河县山里乡

邮编：155700

电话：(0469)5520338

手机：18945186980

艾森维尔蜜蜂乐园

地址：北京市大兴区黄村镇

邮编：102600
电话：（010）57270056

（以上内容仅供参考）